徘徊するイノシシ（神戸市農政部提供）　/　緩衝地帯（バッファーゾーン）の整備
地域ぐるみで行うフェンス設置　/　地域住民で話し合う対策会議

*Manual for Solving Wild Animals Damage Problem
by Preservation of Forest and Satoyama
with Community Participation*

Noriyuki TERAMOTO

Kokon Shoin Ltd., Tokyo, 2018

# 鳥獣害問題解決マニュアル

森・里の保全と地域づくり

寺本 憲之

古今書院

徘徊するイノシシ(神戸市農政部提供)　/　緩衝地帯(バッファーゾーン)の整備
地域ぐるみで行うフェンス設置　　　/　地域住民で話し合う対策会議

*Manual for Solving Wild Animals Damage Problem
by Preservation of Forest and Satoyama
with Community Participation*

Noriyuki TERAMOTO

Kokon Shoin Ltd., Tokyo, 2018

# 鳥獣害問題解決マニュアル

森・里の保全と地域づくり

寺本 憲之

古今書院

# はじめに

近年、鳥獣害問題が大きな社会問題となっている。野生動物が引き起こす社会問題は農作物の加害に始まり、そして家屋損壊や侵入、さらには人身被害まで及ぶケースも少なくない。

全国における野生鳥獣による農作物被害総金額（図 0-1）は、2015 年度（平成 27 年度）では、総額が 176 億円で、ニホンジカが 60 億円、イノシシが 51 億円、ニホンザルが 11 億円、鳥類が 35 億円、その他獣類が 19 億円である。被害金額の推移は、野生鳥獣全体ではやや減少し、シカが増加、イノシシとサルは横ばい、鳥類は大幅に減少している。近年にかけてシカによる被害増加が著しい。

鳥獣害問題は、明らかにぼくたち人が犯した過ちに起因しているのに、人々はこれを自然災害のごとく受け止め、野生動物たちを悪者に仕立て上げる。便利なガス・電気生活、スマホ・パソコン生活や、ガソリン車利用に慣れてしまったぼくたち一人ひとりが野生動物問題を引き起こしている。

では、野生動物はなぜ本来の生息地である森から里へ進出して人の社会を脅かすように至ったのであろうか？　鳥獣害発生原因は何なのであろう？　それは 1960 年代から始まる日本の「高度経済成長」が起因する。戦後しばらくして、日本の経済成長が始まったころから、日本経済は大きく成長し、ぼくたちの生活様式が一変した。その反面、高度経済成長が引き金となって、日本列島では、①森の変化、

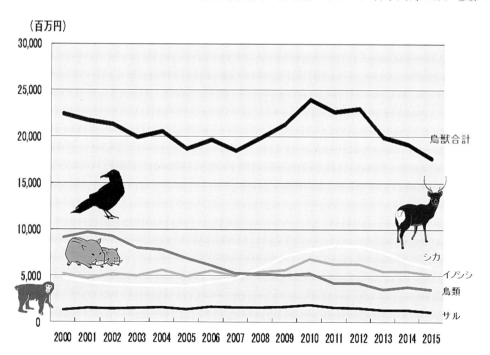

図 0-1　全国における野生鳥獣による農作物被害金額の推移
農林水産省 HP「全国の野生鳥獣による農作物被害状況」より作成。

図 0-2　開発がすすんだ大阪の「里」
「あべのハルカス」最上階から撮影。

②里の変化、③気象の変化の3つの大きな変化が生じた。野生動物たちはそれら変化に対応するため、そして本能に即して、個体数や行動域などを大きく変化させた。

　先日、大阪市の地上300mの日本一の超高層ビル「あべのハルカス」の最上階から大阪市内を一望した（図0-2）。ここからの眺めは日本が短期間に経済発展した結果が読み取れる。ビルや家屋が、はるか遠方に見える奈良県の生駒・信貴山系の山麓まで隙間なく建ち迫っている。ぼくは一瞬鳥肌が立って「これはとんでもないことになっている！」と呟いた。

　日ごろから地上で見る都会には慣れていたが、この一望した光景を見て唖然とした。戦後人々は、ひもじい生活から脱却するため、国政も後押しして、先人から受け継がれてきた自然と調和した里山生活を捨て去り、経済成長による近代化に邁進した。その結果、日本は経済成長により国民が裕福になった結果、人々の生活様式は一変した。つい最近まで、ぼくたちは森や里をうまく暮らしに取り入れて利用して生活してきた。その生活活動により自ずと野生動物と人との間には対峙関係的均衡が保たれ、棲み分けによりうまく共存できていた。しかし、人々に管理されなくなった森と里は一瞬の間に荒れ果て、人が関与しなくなった森と里はその境界線が曖昧となり、その結果、野生動物の行動や生活様式も大きく変化させた。今まさに、人々の暮らしが変わり、かつて適度な野生動物との対峙的均衡が崩れようとしている。

　鳥獣害問題は、人による産業活動によって、当時想定もしていなかった地球上の環境変化、それから起因した生物多様性（多様な生物が相互にうまく支え合うバランスがよい関係）の歪みから生じているのだ。

　本書では、現代社会における鳥獣害問題とその解決策について考えてみたい。

# 目　次

はじめに

## 第1部　鳥獣害問題の基本知識

### 1章　鳥獣害問題と森・里の保全

1. 生物多様性と種ヒト（ホモ・サピエンス）　2
2. 豊かな森から一動物種として誕生した種ヒト　2
3. 人工的自然、里山の構成　3
4. 日本の高度経済成長による里山の変化　3
5. 森・里の崩壊と危機　4

### 2章　野生動物との共存と人圧との関係

1. 野生動物が棲む標高と生息域の垂直拡大　5
2. 対峙関係の必要性の事例　5

### 3章　日本の国土・野生動物の3大変化

1. 高度経済成長に起因する日本の国土の3大変化　15
2. 野生動物の3大変化　20
3. 日本の国土・野生動物の3大変化のまとめ　23

### 4章　野生動物の3大管理

1. 集落・農地管理　24
2. 生息環境管理　28
3. 個体数管理　30

### 5章　特定鳥獣保護管理計画

1. 特定鳥獣管理計画の概要　32
2. 特定鳥獣管理計画を策定している都道府県（2016年4月1日現在）　34
3. 特定鳥獣管理計画活動の位置づけ　36

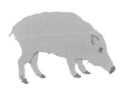

## 第2部　鳥獣害問題の具体的な解決策と解決方法

### 6章 地域づくりと地域ぐるみによる鳥獣害対策

1. 江戸時代の地域ぐるみによる鳥獣害対策意識　42
2. 現代社会の鳥獣害対策意識と住民の意識改革の方向　43
3. 合意形成手法　44
4. 組織誘導のワン・ツー・スリー　56

### 7章 野生動物の性格と主要害獣の生態

1. 野生動物の性格　69
2. 主要害獣の生態　74

### 8章 集落環境診断（点検）箇所の事例

1. 防護柵の診断（点検）　79
2. 用・排水路穴の診断（点検）　87
3. 門扉、側溝などの診断（点検）　87
4. 門扉開閉管理の診断（点検）　88
5. 河川敷など侵入経路の診断（点検）　88
6. 獣道の診断（点検）　88
7. その他侵入経路の診断（点検）　90
8. 被害農地の診断（点検）　90
9. 集落内のエサ場の診断（点検）　90
10. 雑草地の診断（点検）　92
11. 緩衝地帯の診断（点検）　92
12. 家畜放牧地の診断（点検）　93
13. 捕獲檻の診断（点検）　93

### 9章 被害防止対策の推進体制による地域支援

1) 住民主動の対策に向けた自治体の役割と推進体制　94
2) 組織体制　94
3) 関係組織分野での鳥獣害対策業務の位置づけ　97

おわりに／あとがき　101
参考文献　103

# 第1部

# 鳥獣害問題の基本知識

# 1章

# 鳥獣害問題と森・里の保全

## ① 生物多様性と種ヒト（ホモ・サピエンス）

「Biodiversity（バイオ・ダイバーシティ）」、いわゆる「生物多様性」という言葉は「多様な生物が相互にうまく支え合うバランスがよい関係」を示す。言い換えると、地球上の健全な生物生態系のバランス維持だ！ ヒト（ホモ・サピエンス）は地球上の生物種およそ3,000万種の中の一種であり、決して特別な生物の種ではない。38億年前、地球上に最初の生命が誕生して、その中の僅か20万年前にホモ・サピエンスという種（Species）、いわゆるぼくたちヒトが誕生した。ヒトが誕生できたのは、38億年もの途方もない長い年月の間に育まれてきた生き物たちのロジック、生物多様性の恩恵の構築があったからだ。地球上の生命の歴史からみると、他の生物種と同じようにぼくたち種ヒトも必ず絶滅するのだが、延命するためには、ヒトが誕生した時代の多様な生物がうまく相互に支え合う関係、すなわちその時代の生物多様性を維持する必要がある（寺本, 2009）。

## ② 豊かな森から一動物種として誕生した種ヒト

およそ1億4,000万年前、白亜紀初期に華やかな色の花を咲かせ、栄養価の高い果実を持つ被子植物が地球上に初めて誕生した。この被子植物の誕生こそがぼくたちヒト（ホモ・サピエンス）を生み出したのだ。被子植物の誕生後、植物は大陸上に数多くの種が分化・派生して、魅力ある花、花粉、蜜に誘引される昆虫類などによって受粉され、その結果できた栄養価が高い種子を持つ果実を利用する動物・鳥類などによる種子散布（種子が母体から離れて移動すること）の恩恵で共に短期間で広範囲に分布を広げて多種多様な植物界が繁栄した。さらに多様に分化した植物種に対して、適合利用する多種多様な動物種が次々と出現派生して、シダ植物、裸子植物中心の多様性が低かったジュラ紀の森から、植物と動物がうまく相互に支え合うことができる生物多様性に富んだ被子植物が中心の豊かな森に変化・形成された。

最初の人類である猿人（類人猿）が約700万年前に、生物多様性に富んだアフリカ大陸のその豊かな森の中で出現し、その猿人の中からぼくたち種ヒト（ホモ・サピエンス）が約20万年前に誕生することになる。種ヒトは、他の動物種とともにこれら森の多様性から生まれ出る恩恵を受けながら森にとけ込み、地球上の生物の一種として生息してきた。

豊かな森は、人々へ真の意味の恩恵を与えた。ユーラシア大陸では古代文明が豊かな森で生まれ、それら森をつなぐ文明の回廊があった。古代文明と豊かな森には密接な関係があったのだ。文明回廊は温帯の広葉樹の森でつながっており、そこには多種多様な生物が生息していた（Logan, 2008）。豊かな森には自然の浄化能力、回復力そして治癒力があった。やがて、ぼくたちヒトは森に溶け込む以上に個体数を増加させ、さらに知能を発達させながら森の植物や動物の恵みを糧にした自給自足の生活から農耕、すなわち集約的な農作物の栽培へ移行していった。さらに農耕技術が向上すると、森から平地へと徐々に生息範囲を広げることができた。

## 人工的自然、里山の構成

人々は協力して森と里で、狩猟、漁業、農業、林業、日常生活などを営む集落を形成した。その集合体が現在の「里山（SATOYAMA）」である。里山は人が管理して初めて成り立つ生物多様性に富んだ人工的自然なのである。原始の森では動植物の間には途方もない年月をかけて複雑な多種多様な共生関係が築き上げてきたが、里山は、人が自然を開拓して短期間で創り上げた人工的自然であり、樹木を適度に伐採管理することによってその地域の生物多様性の共生関係を維持してきた不思議な空間である（寺本, 2009）。

「里山」という言葉は以前では雑木林帯だけを示していたが、今日では集落や田畑を含んだ里から人があまり踏み入れない山林の手前の雑木林までのより広い地域環境を示す。すなわち、集落を中心として人が手を加えている雑木林、農地を中心としたすべての人為的自然環境を里山という。里山は独立しているのではなく、かつてから豊かな森の源流から流れ出る川によって森、里と湖（海）が一つにつながれ、これらの間には生物学・文化的にも古くから密接な深い関係があった。

## 日本の高度経済成長による里山の変化

人々は生活の基盤としてバイオマスを利用し、狩猟、漁業では森の野生動物や川魚・湖（海）魚の恩恵を受け、農業では森から生まれ出る落ち葉・枝や農地周辺の雑草、川、湖から採取した水草などを有機肥料として農地へ投入し、林業では、森の樹木を木材として利用してきた。そして、日常生活でも、里山で人工的に管理育成した雑木林の広葉樹の薪などを集めて木質バイオマスとして利用してきた。また、人々は、森に生息する野生動物を当然のごとく狩猟し、森の恵みの貴重な蛋白源として食べてきた。このように、人々は争うようにして森や里山に存在する豊富なバイオマスをうまく利用してきたのだ。雑木林や農地は多くの人々が利用し、あるいは携わった日常的な仕事の場であった。

しかし、1960年代の日本の高度経済成長期が始まって以後、人の生活様式が近代化に伴い大きく変化し、人々は森の恩恵で生活してきた森や里山を積極的に利用しなくなった。なぜならば、経済成長により科学技術の発達や外国との経済交流により、ぼくたちは日本の森を利用しなくても住居や食べ物に困らない至福の生活が過ごせるようになったからだ。多くの生活物資が海外からの輸入に頼るようになり、木質バイオマスは化石燃料に、野生鳥獣肉は牛、豚、鶏などの家畜肉に、拡大造林事業で植林したスギ、ヒノキの人工林から産出するはずの木材は主として安価に手に入る輸入材に移行した。

これらように、昔の里山は、多くの人々によって利用され、人の手によって維持管理された空間であっ

たが、1960年代を境目として、日本の高度経済成長期が始まり、中山間地域に住む若者は都会にあこがれて生まれ故郷の里山を離れて都会へ転出し、人々の里山での生活が大きく一変した。

 森・里の崩壊と危機

　人によって利用されてきた森や里では、人のほどよい管理によって生き物たちの多様性がうまく維持されてきた。しかし、人によって利用されなくなった森・里は一瞬にして荒れ果てて変化し、通常見られていた植物種や動物種が絶滅の危機に瀕している。人によってうまく管理され、あるいは保たれてきた森と里の生物多様性は、人に管理されなくなったことにより徐々に低下し、豊かな森や里山の機能である「多様な生物が相互にうまく支え合うバランスがよい関係」はあっと言う間に崩れ去った。

　多種で多様な生き物で賑わっていた豊かな森は、人による行き過ぎた計画性のない開発行為によって単一な森に一変した。そのような森には人は無関心になって管理をしなくなっていくので、かつての賑やかな森は、静かで暗い森に変化し、自然の浄化能力、回復力、治癒力も著しく低下し、大雨や洪水に弱い森になってしまった。

　里山では、放棄された雑木林は僅かな間に荒れ果て、中山間地の人に利用されなくなった農地は耕作放棄地となり、山と農地との境界が次第に不鮮明になってきた。このように先人が長年かけて築き上げてきた多くの生き物を育んできた里山は一気に崩壊してきた。

　ぼくたちは、「現在の森と里の崩壊は、人が身近にある森や里をあまり利用しなくなったことが主な原因であること」を忘れてはならない。大多数の住民のこの認識により、鳥獣害問題を解決する糸口が見えるようになる。

# 2章

# 野生動物との共存と人圧との関係

 **野生動物が棲む標高と生息域の垂直拡大**

　野生動物の中で主要な害獣として挙げられるのは、ニホンジカ、イノシシそしてニホンザルの3種である。

　ニホンジカの生息地は、主に標高1,000 m以下のクヌギ・コナラ林やアカマツ二次林、スギ・ヒノキ造林地などの低山帯の森林や里山であるが、近年は標高1,300 m付近の伊吹山や標高2,600 m付近の中央・南アルプスなどの高山帯にも出没するようになり、高山植物の食害が発生している。

　イノシシの生息地は、ニホンジカより低標高の里山の二次林に集中しているが、標高2,300 mの立山・地獄谷や標高約2,760 mの北アルプス・別山乗越(べっさんのっこし)の高山帯で生息が確認された例もある（北日本新聞, 2015）。イノシシの行動範囲は広くなく、里周辺で行動するイノシシの個体は限られ、大雪や狩猟期、エサ不足などの特別な理由がない限り、奥山に生息するイノシシ個体は滅多に里には下りてこない。

　ニホンザルの生息地は、主に標高1,000 m以下の低山帯の照葉樹林、落葉広葉樹から亜高山帯の針広混交林である。しかし、近年は北アルプス槍ヶ岳では、森林限界を超えた標高3,000 mの高地へ夏期に一斉に芽吹く植物を求めて標高差1,600 mも垂直移動する個体が確認されている（NHKさわやか自然百景, 2012）。

　本来の生息場所を比較すると、低地性が高い害獣種はイノシシ、シカ、サルの順になるが、イノシシとシカは昔から人の生活活動域と重なり、昔から野生動物と人は対峙関係を保ちながら棲み分けを行っていた。しかし近年、イノシシ、シカ、サルいずれもエサを求めて標高が高い高山帯にまで及ぶとともに、これまで対峙関係にあった人々が暮らす里の平地にも進出してきた。

 **対峙関係の必要性の事例**

　人は、野生動物に対して過度に干渉せず、距離を近づけ過ぎずに対峙的に接することが、両者にとって軋轢なく快適に暮らせる唯一の手法である。しかし、現代人の多くが間違った解釈をしている場合が多い。

**（1）ケニアにおける野生象の保護**

　ケニアで学術調査を行っていた知人からこんな話を聞いたことがある。ケニアでは象牙の密猟者が多

図 2-1　野生象の保護と
それによる問題（ケニア）

発して、野生のアフリカ象が激減してきていた。国はその対応策として、保護区を設けて 24 時間体制で保安官による監視を行っていた。その甲斐があり、野生象は銃を持った保安官に守られ、密猟は激減し、野生象と人との間に信頼関係が築き上げられた。ところが、野生象たちは人馴れが進みすぎて集落近くまで侵入するようになり、集落内の畑地のトウモロコシなどの農作物を食い荒らすようになった。

このケニアの事例は野生動物を保護するだけでなく、加えて住民と野生象とがうまく対峙関係を保って棲み分けを行うような仕組みをつくる必要があることを示唆している。

### (2) マレーシアでの観光客の不用意な行動による猿害

JICA 研修として、東南アジア各国の研修生に野生動物対策の研修を行ったことがある。海外研修生に日本の地域ぐるみによる鳥獣害対策の考え方について研修した際、各国の研修生は日本流の野生動物対策手法を興味深く聞いていた。質疑応答の中でマレーシアの研修生から次のような話題が提供された。自国の森にある観光地で、観光客による野生ザルへの餌付け行為が横行するようになり（図 2-2 左上）、自然のエサ場価値が非常に高い豊かな森を有するマレーシアであっても、人馴れが進んだ野生ザルによる被害が深刻化しているのだという。これは栃木県日光市などの観光地での猿害問題と同じケースである。このように鳥獣害は日本だけでなく、海外でも大きな問題となっている。

マレーシア観光地での餌付けの事例は、心ない現代人の野生動物との関係の持ち方の過ちを示唆している。

### (3) ハトの餌付けと糞害

駅や神社などで人が野生のカワラバト（ドバト）にお菓子などのエサを与える光景がよく見受けられる（図 2-2 右上）。餌付けを繰り返していくうちに、ハトは人に対して警戒感をなくし、人の手のひらに乗って喜んでエサを貰う。人はエサを与えることによって、ハトという野生鳥に触れ合える。人々はこれを人と鳥が触れ合う美しい光景として受け止めた。日本の教育において小学生時代からの情操教育

図 2-2 餌付けすると野生動物は…
左上：マレーシアでの野生のサルへの餌付け。
右上：日本の公園でのハトへの餌付け。
左下：ハクチョウやカモメへの餌付け。

によって育まれた動物愛護の精神からだろう。

ところが、最近は状況が違ってきた。駅や神社に「ハトにエサを与えないでください」という張り紙や看板が立てられているところが多くなった。なぜ、このような張り紙を貼る必要性がでてきたのであろう？　それは駅や神社においてハトによる糞害が生じてきたからだ。人によって餌付けされたハトは、効率的に高エネルギーのエサが採れる人が多く集まる駅や神社近くの軒下などの隙間に棲みつくようになる。やがてハトたちはそこで定住、繁殖するようになり、個体数が増え、その結果、神社や駅の巣下や電線下では、容赦なく上からペチョリ、ペチョリと白色と黒色が混ざった生糞が降り注いでくる。

このように、地元住民ではないその場限りの乗客や観光客は被害者にはなりにくいが、そこに住む住民にとっては大問題である。野生鳥獣に対して、「かわいい」あるいは「かわいそう」と言って無暗にエサを与える餌付け行動は、人のエゴイズムであり、絶対に避けなければならない。

人々は自分が被害者になって初めて反省する。ぼくたちが真の野生鳥獣対応教育を受けていないために。

### (4) 渡り鳥や海鳥への餌付け

市町関係、動物愛護団体、動物愛好家などがシベリア方面から飛来してくるオオハクチョウやコハクチョウなどの渡り鳥の到来地の保護、野生鳥と人とのふれあいの場、観光と称して水田などに穀物などのエサを播いて野生鳥に餌付けをしている映像をよく見る（図 2-2 左下）。また、観光目的で海岸や船上でカモメなどに手渡しで餌付けをしている光景もよく見かける。普通に眺めるとよいことをしているように見えがちだが、上述したとおり人が野生動物に餌付けして人馴れ度を高めるのは野生動物と人と

の関係に悪影響を与える。

　近年、これらの餌付け行為は、鳥インフルエンザの感染源という問題もあり、中止・自粛をするところが多くなった。しかし、これは鳥インフルエンザの問題ではなく、野生動物との真の共存を考えるなら自粛すべき行為なのである。

　野生鳥獣の真の保護と人と野生鳥獣との共存のために。

### (5) 野生ザルへの餌付けの結果は？

　戦後の1950～1970年半ばに、全国各地で野猿公園が多く開園された。これら施設では野猿を餌付けして、観光客に自然では滅多に見ることができなかった野生ザルを身近に見せる観光（商売）を目的とした。しかし、1980年からバブル崩壊にかけて、多く野猿公園が観光経営に行き詰まり、閉鎖を余儀なくされたところも少なくない。

　一方、大学の研究者が観察調査のために餌付けした野生ザルの群れが、調査終了後に人馴れが進み過ぎて凶暴になり、全頭捕獲に至ったケースもある。科学のためとはいえ、これも餌付けである。

　野生鳥獣に餌付けをすると、人馴れが進み、ついには人の関与なしの生活ができなくなる。野猿公園が閉園になった、あるいは観察調査が終了した餌付けされた野生ザルたちは、当然のことながら人に対する警戒心が薄くなっているため、人が住む集落の中に入り込み、農作物を加害したり、家屋に侵入したりして、終局は住民から見ると手が付けられないほどの凶暴なサルと化してしまう。

　人のエゴイズムで餌付けされ放置された野生ザルたちは、人に近づき、逆にそのことによって人の厄介者となってしまう。長年餌付けされた野生鳥獣はもう野生には戻れない（図2-3）。野生に戻して地域住民に被害が生じたときに従事者の責任が問われることになる。

図 2-3　餌付けされた動物が、その後に……

(6) 観光ぶどう園の無意識的餌付け

　以前、観光ぶどう園でイノシシ対策の指導をしたときの話である。そこでは、イノシシによるブドウ被害が甚大となり、園のまわりに輸送用パレットなどの廃材を利用した自己流のイノシシ防護柵を設置していたが、それにもかかわらず大型のイノシシたちが毎晩のように柵を突破して園中に入ってきていた。そこで、周辺の生息調査をすると、本来昼行性であるイノシシは昼間に園周辺の雑木林内で睡眠をとり、人気がなくなった夜に活動をするような習慣になっていた（図2-4）。園内に侵入した大型イノシ

図 2-4　観光ぶどう園のイノシシ対策が失敗した例

シは仁王立ちして、甘い匂いのする袋かけしたブドウを狙って袋ごと落下させて食害する。園主は、イノシシ対策のため、追い払い用のロケット花火を持って毎晩監視を続けて疲労困憊していた。

有害鳥獣捕獲で、園近くに仕掛けていた箱檻で捕らえられたイノシシの胃袋の中を切開すると、大きな胃袋がなんとブドウの皮でいっぱいになっていた（図 2-4 右下）。園主に問い質すと、収穫寸前のブドウがイノシシに毎日食害されるので、園内のブドウを護るために観光客が食べた後に廃棄する大量のブドウの皮を、園の近くの山側に放棄したという。

イノシシたちは、この園主の大きな勘違いで、逆に餌付けされて園周辺に居つくようになって被害が甚大になったのである。これは、本人が意識しない無意識的餌付けの一例である。

## (7) 六甲山のイノシシ

神戸市では、六甲山を開発して住宅地がかなり山側に進出している坂道が多い地域である。住民や観光客がイノシシに対する意識的餌付けや無意識的餌付けを行った結果、人馴れが進み、昼夜問わず住宅地に出没するようになり、ゴミを荒らしたり、時には人を襲ったりという被害が深刻化してきた（図 2-5）。

そこで、神戸市では、2002 年（平成 14 年）5 月から「神戸市いのししの出没及びいのししからの危害の防止に関する条例（通称：イノシシ条例）」を施行した。

さらに、2014 年（平成 26 年）に東灘区・中央区で相次いで発生したイノシシによる人身被害を受けて、神戸市では餌付け行為を指導・禁止する取り組みを強化するため、公表の規定などを追加する条例の改正を行った（平成 26 年 12 月施行）。条例には下記のことが記載されている。

条例に基づき、パトロール事業者による餌付け禁止の指導・啓発活動を実施するほか、餌付け行為を継続するといった悪質な違反者に対して市は、以下の措置を行う。

1. 餌付け行為等の禁止規定に違反した者に「行為を中止するよう勧告する」
2. 勧告に従わない悪質な違反者に「勧告に従うよう命ずる」
3. 命令に従わなかったときは「その内容を公表する」
4. 立入検査等を拒む等した者がいるときは「その旨を公表する」

**人馴れし過ぎたイノシシは？**

図 2-5　六甲山のイノシシ　　　　　　　　　　　　　　　　神戸市経済観光局農政部計画課提供

図 2-6　極度に人馴れした神戸市のイノシシ
左：ゴミをあさる。右：横断歩道を渡る。

　これは野生動物と人との生活域のバランスが崩れた結果とられた行政措置の一事例であるが、近年、同様な事例が全国で発生し、野生動物による農作物被害、人身被害、家屋被害などが絶えなくなった。六甲山に生息する極度の人馴れしたイノシシ（図 2-6）にさせないためには、住民全体が野生動物と人との真の共存の意味を理解し、野生動物に対する適切な行動をとる必要がある。

(8) 産業動物と野生動物との違い？

　動物は人の関与の違いにより、産業動物と野生動物に分けられる（図 2-7）。

　動物愛護の情操教育だけを受けてきた戦後に生まれた現代人は、テレビなどのマスコミが野生動物をペットのごとく主人公化して編集している番組の影響も相まって、産業動物と野生動物との認識区別が曖昧になってきている。人と野生動物とが共存するためには、ぼくたち自身が産業動物と野生動物との取り扱いの違いを認識する必要がある。

　産業動物とは、家畜、愛玩動物（ペット）、動物園にいる動物（飼育された野生動物）などが挙げられ、人間にとって経済的、学術鑑賞的、感情的に有用なものとなる動物を示す。人の産業動物への対応は、「人がエサを与える」「人に馴れさす」である。その人の対応や動物園などのケージが設置されている施設（棲み分け柵：見える柵）によって、狭い空間の中で人と多く個体の動物と共存できる。

　一方、野生動物とは、自然界で生息している人に養われていない、人間社会の存在に依存していない動物を示す。人の野生動物への対応は、「人がエサを与えない」「人を怖いと教える」という、産業動物とは真逆の対応になる。その人の適切な対応によって、人と野生動物との間に対峙関係（見えない柵）が現れ、人と野生動物との共存（棲み分け）が可能となる。

　それでは、産業動物と野生動物の違いを同じニホンザルやニホンジカで考えて見よう。

　動物園にいるニホンザルは産業動物である。当然、人がエサを与え、管理がしやすいように人に馴れさせるようにケージあるいは隔離されたサル山で飼育する。サルに石を投げたりすることはない。

　一方、森に生息する野生のニホンザルは、産業動物との対応とは正反対で、人は餌付けを行わず、里に入ってきたサルに対して、大声を出したり、大きな音を鳴らしたりして威嚇する対応をしなければならない。

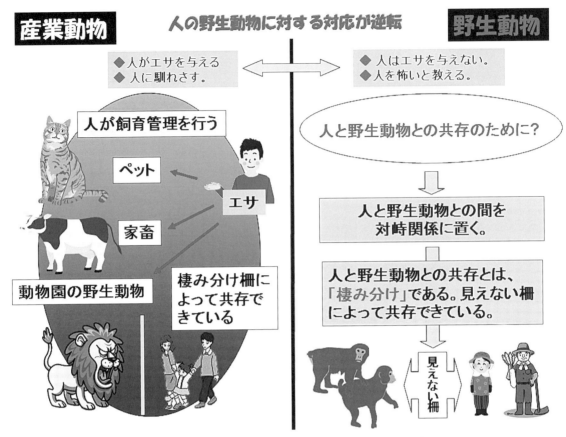

図 2-7 産業動物への人の対応と、野生動物への人の対応
カバーのカラー図も参照。

　人とサルとが棲み分け共存するためには、人は、産業動物のサルに対しては「人がエサを与える」「人に馴れさす」、野生動物のサルに対しては「人がエサを与えない」「人を怖いと教える」の対応を取らなければならない。
　奈良公園にいる国の天然記念物である1,500頭のシカは産業動物である。公園内のシカたちは観光客を見つけると集まりだし、おねだりをして人から鹿煎餅をもらって食べる。ペット飼育を経験してきた観光客は奈良公園の産業動物であるシカを「カワイイ」とペット感覚で接するのだが、山里で見る野生ジカも同じ感覚で見てしまう人がほとんどである。
　近年、野生動物をペット感覚で見る人が多くなったため、産業動物と野生動物との取り扱いを混同する人が大半を占めるようになった。これは、日本では義務教育の時に情操教育としての動物愛護教育しか受けていない結果であろう。同じ動物種であっても、ペットと野生動物とでぼくたち人が対応を変える必要があることを教える教育も望まれる。

(9) 人と野生動物との共存とは？
　人と野生動物との「共存」とは「棲み分け」のことである。すなわち、人と野生動物との間に常に適度な対峙関係をつくることだ。人は野生動物に人圧をかけ、野生動物を里に近づかせない工夫が必要で

ある。万が一、人が野生動物にエサを与えるなどの産業動物のような対応をしてしまうと、学習により野生動物は「人は優しい。怖くない。」と勘違いをして、頻繁にエサを求めて人里へ降りくるようになり、放任果樹や家庭菜園の加害、そのうちに農作物の加害へ発展し、後には家屋侵入・損害や人身被害などにも進展する。人と野生動物とが共存するためには、地域のすべての人が産業動物と野生動物との対応の違いを理解しなければなない。野生ザルに対して大声や大きな音を出したりして脅したり、エサを求めてきても餌付けしない、人馴れさせない行為のほうが、野生ザルにカワイイ、かわいそうと称してエサを与える行為より、何十倍いや何百倍も、野生ザルの真の幸せのためになるということを多くの住民が理解する必要があるだろう。人と野生動物との共存のためには、人圧により「見えない柵（対峙関係）」を構築することが重要であり、お互いに一定距離を置いた「棲み分け」が必要なる。

本当に動物を愛する人なら、ペットなどの産業動物との対応と重複させることなく、心を鬼にして野生動物に接する適切な対応行動をとる必要がある。野生動物の真の幸せを願うために……。

(10) <u>野生動物に人圧をかける</u>

飼い主と飼い犬の関係を考えてみよう。「タロベェ」は飼い主が甘やかして育てた駄犬、一方「タロウ」は飼い主がしつけして育てた名犬だとしよう（図 2-8）。

駄犬「タロベェ」の場合：飼い主 A 君が駄犬「タロベェ」を散歩中にリードから放した。駄犬「タロベェ」

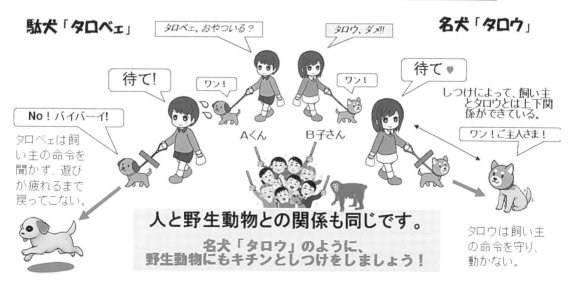

図 2-8　駄犬と名犬の違い
カバーのカラー図も参照.

はA君の「待て！」「戻れ！」の命令を聞かず、遊び疲れるまで戻ってこない。

名犬「タロウ」の場合：飼い主B子さんが名犬「タロウ」を散歩中にリードから放した。名犬「タロウ」はB子さんの「待て！」の命令に従い、飼い主から離れない。警察犬も厳しい訓練を受けて、初めて人の命令に従うようになる。

2人の飼い主と2匹のイヌの関係を考察すると、A君と駄犬「タロベェ」との間には上下関係が成立しておらず、一方B子さんと名犬「タロウ」との間には上下関係が成立している。すなわち、駄犬「タロベェ」はA君を同レベルの仲間だと認識しているため、自分の意思どおりに行動をとる。一方、名犬「タロウ」は、B子さんをご主人さま、B子さんを自分より優位な存在と認識しているのでA子さんの命令を聞く。

知能が発達している動物（哺乳類）は本能として上下関係をつけようとする。人も動物の一種であるので本能として上下関係をつけたがる。大きなくくりとしての人と野生動物との動物間の関係も同様で、人が野生動物をしつけして、人が優位な存在と認識させる必要がある。人が野生動物に圧力をかけるためには、両者の上下関係で人が野生動物の上位にいる必要がある。すなわち、人と野生動物との間に対峙関係を保つためには、地域のすべての人が野生動物に対して甘やかさない姿勢が重要であり、住民自らが地域ぐるみで野生動物へしつけを行う（人が怖いと教える）人圧増加対策が重要となる（図2-9）。

図2-9　人が怖いことを教えるための「サル鉄砲」

# 3章  日本の国土・野生動物の3大変化

##  高度経済成長に起因する日本の国土の3大変化

　日本では、戦後の1960年代からの高度経済成長期において、日本の国土で「森の変化」「里の変化」「気象の変化」の3つの大きな変化が起きた（図3-1）。

　高度経済成長によるこれら3大変化によって、見えない柵（人と野生動物との対峙関係）が崩壊し、野生動物は森から里へ進出して農作物の加害に至るようになった（図3-2）。

### (1) 森の変化

　1960年代以降では、拡大造林事業によって大規模に植林された人工林によって多様性に富んできた森の樹種が一変し、さらに国内木材価格の低迷による林業の衰退とともに人による管理が不徹底になった。これにより人の活動に変化が起きた。

　1960年代以前の森は雑木林など二次林を含んだ針広混交林で、人々はこれらを木質バイオマスとして積極的に利用した。1960年代になると経済成長期に入り、日本の戦後の経済政策の一つの拡大造林事業による大規模な人工林（針葉樹）の植林が始まって、広葉樹が伐採されて野生動物の食料が減少した。その当時は林業が盛んで、人工林の間伐などを行って森を適正に管理されていた。しかし、近年は、雑木林、そして人工林でさえ管理しなくなった。管理されなくなった人工林の地表には太陽光が差し込ま

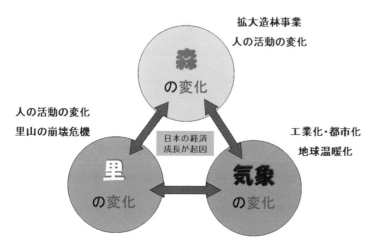

図 3-1　日本の国土の3大変化
カバーのカラー図も参照。

図 3-2　日本の 3 大変化の結果
カバーのカラー図も参照。

なくなり、それにより下層植生が貧弱になり、野生動物の主要な食料源になっていた森の植物相の多様性が失われた（図 3-3）。

一方、人がくらしで利用するために造成した里山の雑木林、竹林などの二次林は、化石燃料へのエネ

**1960年代以前：**
森は雑木林など二次林を含んだ針広混交林で人々はこれらを木質バイオマスとして積極的に利用した。

**1960年代以降：**
拡大造林事業による大規模な人工林（針葉樹）の植林が始まり、その当時は林業が盛んで人工林の間伐等を行って適正に管理した。

**現在：**
人の生活様式の変化、林業の低迷により、雑木林、そして人工林でさえ管理しなくなった。

図 3-3　森の変化

ルギー転換によって、人に利用されなくなって放置され、その結果一気に荒れ果ててしまった。

このように人によって管理されなくなった森は、人の匂いが薄くなり、野生動物に対する人圧が低下するとともに、野生動物が生き延びるために必要なエサ場価値が極端に低下した。

人が管理して多種多様な植物が自生していた豊かな森の時代では、森には野生動物にとって豊富な食料があり、さらに個体数が狩猟により程度に調整され、森林管理や狩猟による自ずと発生した人圧により、人と野生動物との間には自然と対峙関係を保っていた。ところが、現在は森内の野生動物の生息頭数を賄えるだけの食べ物が不足し、さらに野生動物は狩猟圧などの人圧が低下による対峙関係（見えない柵）の崩壊によって人を恐れなくなった。

経済成長が引き金となったこれらの経時的な人の生活様式の変化により、野生動物の一部はぼくたちヒトが大昔にとった行動と同じように森から里へと進出し始めた。

例えば、あなたが狭い部屋に閉じ込められたら、食料や水を求めて室外への脱出を試みるだろう（図3-4）。野生動物も同様で、森に食料がなければ、森から脱出して食料の調達を試みる。さらに野生動物が里に行けば森の食料よりもはるかにエネルギー効率のよい優れた農産物が簡単に得られることに気づけば、里での食料泥棒の常習犯になるに違いない。加えて、防護柵もなく無防備で、そこに怖い人々がいなかったら、今まで苦労して採っていた森のエサ場をやめて、容易に採れる里のエサ場へと行動を変えるだろう。

「食欲」「睡眠欲」「性欲」の三大欲求は、すべての動物が生存本能として持っている。栄養や睡眠をとらなければ死んでしまうし、生殖活動を行わなければ種の保存・繁栄ができない。つまり、三大欲求は、動物であれば必ず備えている本能である。人も例外でなく動物であり、野生動物と同じ本能の三欲が備わっているので、野生動物のエサが不足している森からエサが豊富にある里への進出は理解できる。

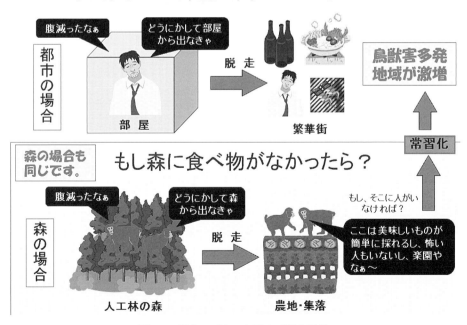

図 3-4　都市の「人」と森の「野生動物」

図 3-5　昔から行ってきた里山管理

(2) 里の変化

かつて、人と野生動物と適度な対峙関係を保って森と里とで棲み分けを行っていた。森では多くの人が狩猟をし、里では雑木林・農地管理で多くの時間を費やしていた。そのため自ずと人から野生動物に対する人圧が高かった（図 3-5）。

しかし、1960 年代以降、日本が高度経済成長期に突入して人の生活様式が一変した（図 3-6）。しばらくすると飽食の時代になり、森に入って狩猟する人の数や回数も激減し、また生活様式が変わって人が農地や雑木林に出向く時間も極端に減少した。里山の雑木林なども利用しなくなり、病害虫防除・雑

図 3-6　人と野生動物との圧力関係の変化
カバーのカラー図も参照。

草防除の化学合成農薬や化学肥料の開発、さらに農業機械の開発で人の里山での農作業時間も激減した。

この経済成長を機に人と野生動物との圧力関係が逆転し、野生動物の圧力のほうが人圧よりも高くなり、野生動物は堂々と里へ進出してきた。

### (3) 気象の変化

#### ① 地球温暖化現象

全国の年平均気温は過去 100 年あたり 1.0℃も上昇した。また都市部では 2℃以上の上昇が観測されている。近年の気温上昇には、高度経済成長に伴う工業化、自動車による排気ガス、都市化によるヒートアイランド現象、森林帯の減少などに原因がある。石油、石炭などの天然地下化石燃料の燃焼や焼き畑などによる大気中への二酸化炭素の大量放出と、1960 年代から現在に至るまで最大の輸出国である日本への木材供給のために発展途上国のアジアの熱帯林が大規模に伐採された影響と相まって、放出された二酸化炭素量が森林帯の吸収能力を上まわるため、大気中の二酸化炭素濃度が年々上昇している。このような背景の中、全世界の気象が大きく変化し、急速に地球規模で温暖化が進んでいる。

#### ② ニホンザルと温暖化

ニホンザルはスノーモンキーと呼ばれ、最も北限に棲めるように進化適応できたサルの仲間としては特殊な種である。しかしながら、猿類はもともと森林に生息する熱帯性の動物であったが、進化とともに分布を拡げて温帯域にまで生息域を拡げた。それは、熱帯林、亜熱帯林、温帯林から生活に必要な食物量が確保できたからだ。猿類の分布は温帯林の夏緑樹林帯が限度で、食べ物が採れない寒帯林の針葉樹林帯では生息できない。したがって、いくら北限に適応できた唯一の種であるニホンザルであっても、自然界の積雪などの厳しい環境下では、冬期における死亡率が高く、その厳しい生息環境が生息域の限定や生息密度を調整してきた。

昔の日本は、冬期に厳しい寒さや降雪が続き、積雪・根雪期間が長かった。そのためニホンザルなど

図 3-7 気象の変化

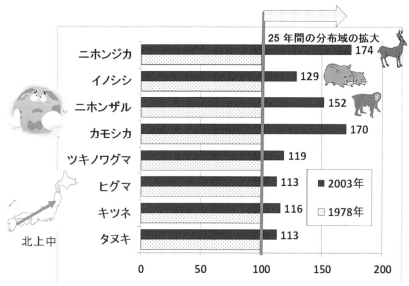

図3-8 温暖化による野生動物の生息分布域の拡大
環境省自然環境局・生物多様性センター（2004）第6回自然環境保全基礎調査より作図。

の野生動物は、食料が少なくなった厳寒の森中で雪をかき分けて樹皮などの栄養価の低い食べ物をとってくいつなぎながら何とか生き延びたが、寒さと栄養不足で当然餓死する個体も多く出現した。

しかし、近年の地球温暖化現象により、積雪地域では、冬期の気温が上昇し、降雪や積雪期間が極端に短くなったため、死亡率が低下して個体数が増加した。サル本来の生息適応気温に戻ったからだ。加えて、一部の群れにおいては栄養価が高い農作物の採食が習慣化することにより、個体の栄養条件が向上して、それが幼獣の死亡率の減少や妊娠出産回数の増加につながり、地域の個体数がさらに増加した。さらに温暖化の影響で冬越できなった地域でも生息可能となり、ニホンザルを始め、イノシシ、ニホンジカなど他の野生動物の分布は日本列島を北上し、生息域が年々拡大している（図3-7、3-8）。

③ 温暖化による野生動物の生息域拡大

野生動物の分布域は、1978年（昭和53年）から2003年（平成15年）の25年間で、温暖化によって、ニホンジカでは74％、イノシシが29％、ニホンザル（群れ）が52％、カモシカが70％、ツキノワグマが19％、ヒグマが13％、キツネ16％、タヌキが13％拡大し、北上を続けている（環境省自然環境局・生物多様性センター，2004、図3-8）。

## ② 野生動物の3大変化

日本の高度経済成長期以降、国土で「森の変化」「里の変化」「気象の変化」の3大変化が起こり、その影響を受けて、野生動物の「生息地環境の変化」「行動の変化」「個体数の変化」の3つの大きな変化が生じた（図3-9）。

### (1) 生息地環境の変化

森では、「森の変化」によりエサ場価値の低下、人圧の低下が生じて「生息地環境の変化」が起こった。これにより「行動の変化」が生じ、野生動物は里へ出没するようになった。

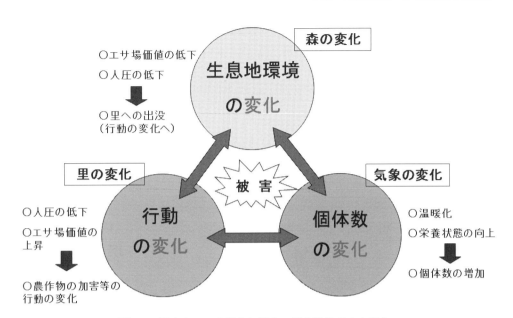

図 3-9 国土の3つの変化に伴う、野生動物の3大変化

① エサ場価値の低下（森側）

**【拡大造林事業の初期（伐採～幼木）】**「森の変化」の初期段階では、野生動物のエサ場価値が上昇した場合と低下した場合の両者が考えられる。

戦後、拡大造林事業の推進によって日本国中の森で大規模伐採が行われたが、その直後の一時期、森が一気に広大な草原に変身したため、草食性のシカなどの野生動物に対してのエサ場価値が急増した。

長年人々の管理により森の機能を発揮していた針広混交林が一斉に大規模に伐採されることにより、丸裸になった森の地表には太陽光が長時間にわたって照り注ぎ、突然森の中に広大な草地が出現した。その大規模伐採の恩恵を受け、イネ科植物などの草本植物を主食するシカは、エサが豊富になり個体数を増加させた。一方、増加傾向が認められてからも、鳥獣の保護及び管理並びに狩猟の適正化に関する法律の改正にかかる1999年（平成11年）の特定鳥獣保護管理計画制度の設定まで、増殖に寄与するメスジカの捕獲を禁止してきた※。このことも加わって、現在のシカの増殖による個体数の増加に結びついたと考えられている。

反面、大規模な針広混交林の伐採は植食性の野生動物すべての食料となるブナ科植物のドングリの木などの広葉樹を一気に減少させ、野生動物全般に対する森のエサ場価値が極端に低下した。

注※ 明治時代に狩猟による個体数の減少が懸念されたことから、明治政府は1892年（明治25年）に狩猟規則を制定し、シカは狩猟制限と解禁を繰り返しながら、絶滅を避ける措置がとられたが、それでも戦争時代の乱獲による減少が著しかったため、1950年（昭和25年）からオスジカのみが狩猟獣の対象となった。

**【拡大造林事業の中後期（中木～成木）】**「森の変化」の中・後期段階では、大規模に植林されたスギやヒノキの幼木は生育して、単一な樹種による人工林帯になっていくが、アジアの発展途上国からの格安木材輸入が加速され、日本の林業は国内木材価格の低迷が続いて不況に陥り、行うべき間伐などが実施ない人工林が増加した。管理されなくなった人工林帯は上層部で枝・葉が交差して太陽光線が遮

断され、林内の低木樹、草本植物などの下層植生が衰退して地表が砂漠化した。このことにより、人工林帯内の野生動物のエサ場価値は激減し、森全体における野生動物食料の絶対量が減少した。

② 人圧の低下（森側）

日本林業の衰退から人工林の管理回数が減少したことから、人による森での作業の従事者数と述べ時間は激減した。また、経済成長により人の食生活も向上し、日本人の日常生活において狩猟によるタンパク源の確保が不要となったため、従事者数と述べ時間はさらに激減した。このように森は人に徐々に利用されなくなり、森内での野生動物に対する人圧が低下した。

このような森のエサ場の低下と人圧の低下により、野生動物は行動を変化させ、食料を求めて人里へと出没するようになる。

(2) 行動の変化

里では、「里の変化」により人圧の低下とエサ場価値の上昇が生じ、「森の変化」と「気象の変化」から下記のような要因で野生動物の「行動の変化」が生じた。これにより、里の農作物の加害などが生じ始めた。

① 人圧の低下（里側）

森と同様に里側の雑木林でも、人による利用回数が激減し、野生動物に対する人圧が低下した。一方、農地では、農地面積、農家戸数の減少や農業技術の発達などにより、農地で農作業する農家数と作業時間が減少し、併せて集落では、若者は時代の変遷とともに都会へと転出して、集落人口の減少と高齢化により人圧が著しく低下した。このような人の生活様式の変化により集落周辺の里は人の賑わいがなくなり、森に加えて里においても野生動物に対する人圧が低下した。

② エサ場価値の上昇（里側の集落・農地）

雑木林の間伐、農地周辺の草刈りなどの管理が行き届かなくなり、農地と山林との境界線が不鮮明になった。農地と隣接する管理されなくなった雑木林、耕作放棄地などが多くなると、そこが農作物をすぐに加害できる野生動物の絶好の隠れ場所となり、農地のエサ場価値が上昇した。また、里側での人圧の低下も相乗して、里のエサ場価値が一層引き上げられた。さらに、集落内環境の変化も生じ、無防備なカキなどの放任果樹、ゆとり生活で楽しみでつくられる無防御の家庭菜園などが多く点在するようになり、さらに人圧も低くなったことから集落は野生動物の絶好のエサ場と化した。

このように里側の人圧の低下とエサ場価値の上昇は、野生動物は森から里への移動を加速化させた。

(3) 個体数の変化

野生動物の「行動の変化」から下記のような要因で「個体数の変化」が生じた。

野生動物は、農作物から省力的、集約的、かつ効率的に高エネルギーが摂れるようになり、従来の森内環境で生息していた場合に比較して栄養状態が向上した。例えば、隔年でしか妊娠できなかった野生ザルでは栄養条件の向上により毎年子が産めるようになり、栄養失調で餓死する幼獣の個体も減少した。これらのことから、野生動物は栄養状態が向上したことにより個体数が増加した。地球規模では、都市化、

工業化、自動車など機械化、大規模な森林伐採などが加速され、「気象の変化」により温暖化が生じて、積雪量が減少し、越冬しやすくなり個体数の増加に拍車をかけた。

加えて、野生動物の個体数の増加に大きく影響したのは、森の生態系ピラミッド、食物連鎖の頂点にいたニホンオオカミの絶滅である。1905年（明治38年）、奈良県で捕獲された若いオスの個体が最後の生存個体であり、およそ110年前に絶滅したとされている。ニホンオオカミ絶滅の原因は、狂犬病やジステンパーなど家畜伝染病による影響である。狂犬病に感染したニホンオオカミは狂ったように人や家畜を襲ったため、また人に感染する狂犬病を回避するため、人はニホンオオカミを積極的に駆除し続けた。このように、ニホンオオカミは人による駆除によって絶滅してしまったと考えられている。

以上のことから、日本の高度経済成長によって国土の「森の変化」「里の変化」「気象の変化」の3つの大きな変化が複雑に関与し合って、野生動物の「生息地環境」「行動の変化」「個体数の変化」の3大変化が生じ、従来見つけることさえ困難であった野生動物が人里で頻繁に見られるようになった。森の中の野生動物個体数と野生動物食料バランスが崩れ、人の生活様式の変化が相まって、野生動物は食料を求めて里へと進出したのだ。

## 3 日本の国土・野生動物の3大変化のまとめ

日本の国土・野生動物の3大変化をまとめると、日本の高度経済成長を機に、「生活様式・気象の変化」「里・生息地環境の変化」「個体数・行動の変化」が生じたことになる。これらの複雑で奥深い要因をすべて解消しようとすると、単なる物理柵の設置や駆除だけの対策では被害は減少しないのは言うまでもない。鳥獣害を解消させるためには地域住民と関係機関とが連携した中長期的な総合的対策を実施することが必要となる（図3-10）。

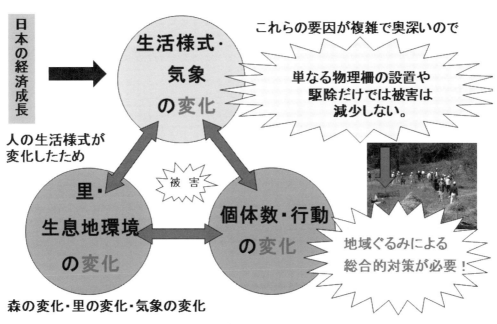

図3-10　鳥獣による農作物被害を左右する要因

# 4章 野生動物の3大管理

　鳥獣害対策はすべての住民が上述した複雑な発生要因を理解し、住民自らで地域ぐるみによる対策を行うことが重要になる。また、集落と関係組織が連携して役割分担を決めて総合的対策を実施する。

　総合的対策には、「集落・農地管理」「生息環境管理」「個体数管理」の3つ管理があり、「集落・農地管理」は地域住民、「生息地管理」と「個体数管理」は行政主動・関係団体で対策を行う（図4-1）。

## ① 集落・農地管理

　「集落・農地管理」は里側の住民主動の継続的管理である。住民が地域ぐるみで野生動物にとって魅力がなくなるように里のエサ場価値を下げるための対策を行う。例えば、面的な防護柵（物理柵・電気柵）の設置、追い払い、放任果樹の伐採・管理、竹林管理、家庭菜園管理、野菜くずなど農作物残渣管

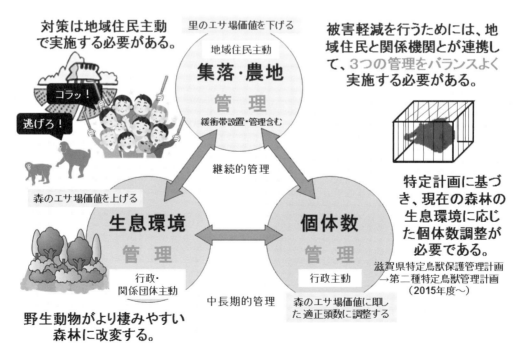

図4-1　地域住民と行政などが連携した総合的対策

図 4-2　共存のあり方

理、稲作後のヒコバエ（2番穂）の発生抑制管理、雑草管理（防護柵周辺、農地周辺、耕作放棄地など）、農地・山林間の緩衝地帯（バッファーゾーン）管理、家畜放牧管理（家畜放牧ゾーニング）、そしてこれらすべての管理の集落ぐるみの定期的なメンテナンスなどが挙げられる。

(1) 意識的餌付けと無意識的餌付け

　人と野生動物との「共存」とは何だろう？　人とペットとの関係のように、人と野生ザルが仲良く肩を組むような関係なのか？　いやそうではなく、「共存」とは「棲み分け」を意味する（図4-2）。人は「里」、野生動物は「森」、と対峙関係の中で生活を別にして棲み分けを行うこと、それが真の人と野生動物との「共存」である。

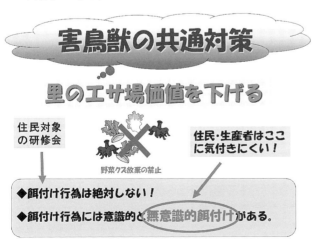

図 4-3　無意識的餌付けの問題

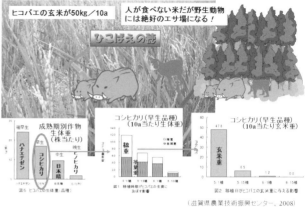

図 4-4　さまざまな無意識的餌付け（①〜⑤）

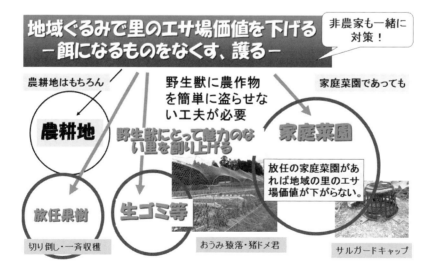

農耕地を護るだけでは、里のエサ場価値は下がらない。
家庭菜園においても対策が必要。

図 4-5　里ぐるみの対策

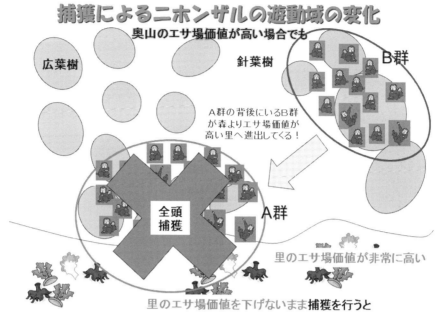

図 4-6　全頭捕獲しても失敗する

　言うまでもないが、「共存」するためには人が野生動物に餌付けをしないことが重要である。餌付けには「意識的餌付け」と「無意識的餌付け」があるが、「意識的餌付け」は文字どおり人が意識して野生動物にエサを供給すること、一方、「無意識的餌付け」は本人が意識をしていないのだが、結果的に餌付けと同等の行為のことをいう（図 4-3）。「無意識的餌付け」には、調理後の生ゴミ、農作物の収穫後の残渣（残りの農産物、植物体）、放任果樹、水稲収穫後のヒコバエ、無防御の家庭菜園などが挙げられる（図 4-4）。

**(2) 里のエサ場価値を下げる**

　研修会などで住民全員に集落内の「意識的餌付け」「無意識的餌付け」の知識共有を促し、ルールづくりをして地域ぐるみで里のエサ場価値を下げる活動に誘導することが重要である。里のエサ場価値を下げる活動が最も重要な、里ぐるみの「集落・農地管理」である（図 4-5）。

**(3) 捕獲によるニホンザルの遊動域の変化**（里のエサ場価値が高い場合）

　里のエサ場価値を下げないまま、A 群の全頭捕獲を行っても、背後にいる B 群がエサ場価値の高い里へ進出してくる（図 4-6）。捕獲は一時的な効果しかなく、野生動物にとって魅力のない集落につくり上げるために里のエサ場価値を下げて初めて持続的効果が発揮できる。鳥獣害問題では、「捕獲対策」より「里のエサ場価値を下げる対策」のほうが重要な対策なのである。

**(4) 捕獲だけでは被害軽減につながらない**

　ニホンザルの捕獲による失敗事例（実話）を紹介しよう（図 4-7）。
　X 集落周辺は、A 群、B 群、C 群の 3 群れに囲まれていたが、集落に侵入して、農作物被害などを発

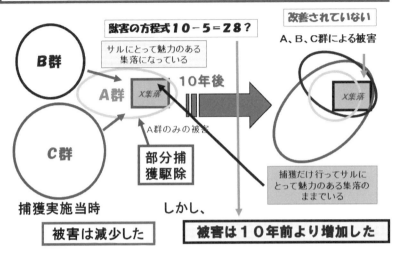

図 4-7 捕獲だけではうまくいかない理由
カバーのカラー図も参照。

生させていたのはA群のみであった。X集落は捕獲を実施するよう行政と掛けあい、部分捕獲を実施することとなった。

X集落は、地域ぐるみによる里のエサ場価値を下げる活動を実施しないまま、ある年に部分（半数）捕獲を実施した。予想どおり捕獲直後の被害は半減以下となったが、しかし10年後は捕獲以前の被害の3倍まで増大した。計算では、部分捕獲後の被害量は10 − 5 ＝ 5（半減）以下のはずだったが、10年後をみると10 − 5 ＝ 28と3倍になったのだ。どうしてだろう？

その原因はX集落が捕獲後も里のエサ場価値を下げる地域ぐるみ活動を実施しなかったことにある。A群の個体数を部分捕獲により半減させた結果、被害量は半減以下になった。しかしX集落はサルにとって魅力のある集落のままであったので、A群の勢力が捕獲により衰え、A群の背後にいるB群、C群も徐々にエサ場価値が高いX集落へ侵入加害するようになったため、10 − 5 ＝ 28となったわけである。

鳥獣害対策では、数学で使われる方程式は全く通用しない。

## ② 生息環境管理

「生息地管理」は山側の行政・関係団体主動の中長期的管理である。例えば、放置人工林の間伐・枝打ちなどの人工林管理、広葉樹植樹管理、幼樹の獣害対策管理などが挙げられ、野生動物が生息しやすい森、針広混交林へ改変・誘導する。野生動物がより棲みやすい針広混交の森林に改変し、野生動物にとって魅力が上がるように森のエサ場価値を上げる。

### (1) 森の変化に伴うニホンザルの遊動域の変化

1960年代以降、拡大造林事業が全国展開されて大規模なスギ、ヒノキの針葉樹の植林が始まり、森

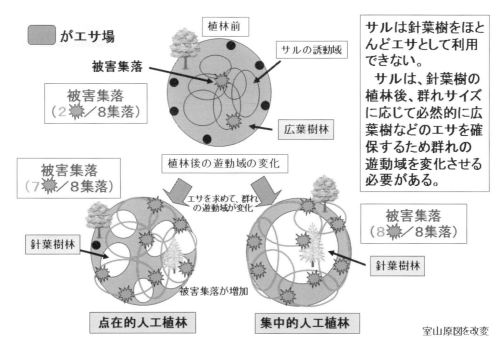

図 4-8　植林によるニホンザルの遊動域の変化
植林前の広葉樹の森では、6 群れが存在し、楕円が 6 群れの遊動域、●が集落の位置を示す。

の広葉樹と針葉樹の植生割合を大きく変化させた。

　ニホンザルはメスとコドモとで群れを形成し（オスは成獣するとハナレザルとなって群れから離れる）、群れごとに遊動域をもち、遊動域の場所とサイズは遊動域内のエサ場状況で決まる。すなわち、群れの構成頭数が 1 年間にわたり遊動域内で採食遊動できる陣地とそれに似合う遊動域サイズになる。

　例えば、広葉樹の森で人工林の植林後、群れの遊動域がどう変化するのかを考えてみよう（図 4-8）。

【点在的人工植林を行った場合】　6 か所に点在植林を行った場合は、植林した人工林はエサ場にならないので、6 群れが人工林以外の広葉樹域のエサ場の陣檻合戦をして、1 年間のエサ場を確保するため遊動域を変化させる。その結果、被害集落は 2 ／ 8 集落から 7 ／ 8 集落に増加した。

【集中的人工植林を行った場合】　森の中央 1 か所に大規模な植林を行った場合は、森の中央域がエサ場でなくなるので、6 群れが広葉樹域の陣取り合戦を行って 1 年間の広葉樹のエサ場を確保するため遊動域を森縁周辺域に変化させる。その結果、被害集落は 8 ／ 8 集落に増加した。

　このように、人工林が植林されることにより、野生動物の遊動範囲も変化する（図 4-8）。

　次の図 4-9 でわかりやすく説明すると、群れ個体数サイズが 60 頭と構成頭数が同レベルの場合、A 群は遊動域が広葉樹のみ、B 群は遊動域が針葉樹と広葉樹にまたがった範囲だとすると、食べ物が採れるエサ場である広葉樹の面積は同じだが、B 群は人工林の面積分だけ遊動域が広くなる。

　同じ広葉樹林では、常緑広葉樹林帯のほうが冬期に落葉してしまう落葉広葉樹帯よりもエサ場価値が高く、遊動域サイズは小さい。

　また、エサ場価値が非常に高い里に依存している C 群の場合は、A 群と同じ遊動域サイズであっても、100 頭の食べ物が賄えることになる。

　すなわち、群れの遊動域サイズは「個体数サイズ」と遊動域内の「エサ場価値」の高低で決まる。

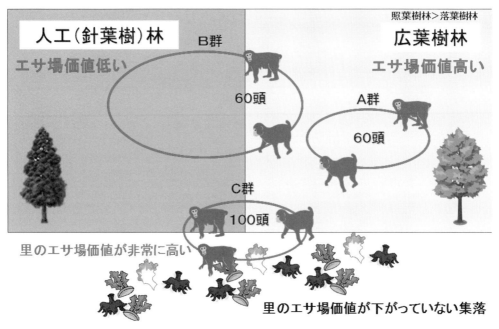

図 4-9 ニホンザル群れの遊動域と頭数の関係
エサ場価値によって遊動域と頭数が変わる。

通常、群れは個体数が100頭を超えると分裂するが、エサ場価値が高い里の依存度が高い群れでは、100頭を超えても分裂しない例が散見される（滋賀県の甲賀A群は250頭を超えても分裂しなかった、など）。

**(2)「里のエサ場価値を下げる」＋「追い払い」によるニホンザルの遊動域の変化**

① 奥山のエサ場価値が高い場合（図 4-10）

里のエサ場価値を下げた地域でA群に対して追い払いを行うと、A群は奥山に逃げ込みエサ場を確保するため遊動域を拡大して生息するようになる。一方、B群は奥山での森のエサ場価値が高く、里のエサ場価値が低いため、里へは進出してこない。

② 奥山のエサ場価値が低い場合（図 4-11）

里のエサ場価値を下げた地域でA群に対して追い払いを行うと、A群は奥山に逃げ込むが、奥山での森のエサ場価値が低いためA群の一部の個体しか奥山で生息できない。それ以外の個体は特定計画に準じて個体調整を行う（下記の「個体数管理」を参照）。一方、B群は里のエサ場価値が低いため、里へは進出してこない。

## ③ 個体数管理

これは行政主導の中長期的な管理である。捕獲には、有害鳥獣捕獲と特定鳥獣保護管理計画（2015年度（平成27年度）から第二種特定鳥獣管理計画）による個体数調整がある。有害鳥獣捕獲は緊急避難的な対策、個体数管理は生息頭数、森の野生動物を養えるエサ量などから地域の生息可能適正頭数を

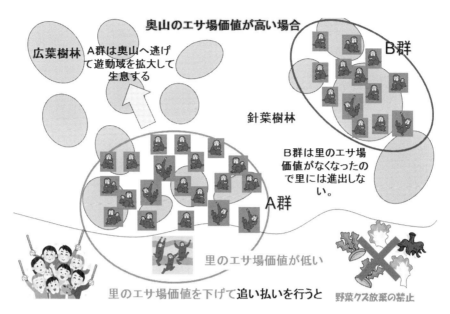

図 4-10　追い払いによるニホンザルの遊動域の変化（1）

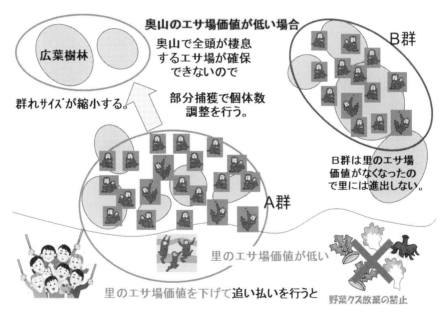

図 4-11　追い払いによるニホンザルの遊動域の変化（2）

計算して、これら科学的なデータに基づいて中長期的計画のもとに害獣種別に個体数調整する管理である。特定計画に基づき、現在の森林の生息環境（森のエサ場価値）に応じた個体数調整によって適正頭数に削減する（特定鳥獣保護管理計画の項を参照）。

　被害軽減を行うためには、地域住民と関係機関とが連携して、「集落・農地管理」「生息環境管理」「個体数管理」の3つ管理をバランスよく実施する必要がある。

# 5 章 特定鳥獣保護管理計画
### 第二種特定鳥獣管理計画（2015年度（平成27年度）～）

## 1　特定鳥獣管理計画の概要

環境省が示している特定鳥獣管理計画の概略を下記に示す（「野生鳥獣の保護及び管理に係る計画制度」を参照）。

### (1) 計画的な保護及び管理

近年、ツキノワグマなどの地域的に個体数の減少がみられる野生鳥獣も存在するが、一方、ニホンジカ、イノシシ、ニホンザルなど特定の鳥獣や外来生物の生息数増加や生息域拡大などにより、生態系や農林水産業などへの被害が深刻化している。このような野生鳥獣と人との軋轢を解消するためには、科学的なデータに基づく鳥獣保護管理事業を計画的に実施する必要がある。

これらを踏まえ、長期的な観点からこれらの野生鳥獣の個体群の保護管理を図ることを目的として、1999年（平成11年）鳥獣保護法の改正により、都道府県知事が策定する任意計画として、特定鳥獣保護管理計画制度が設けられた（図5-1）。

さらに、2014年（平成26年）の法律改正により、特定鳥獣保護管理計画は、都道府県知事が定める

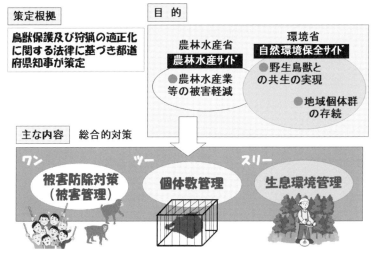

図 5-1　第二種特定鳥獣管理計画

4項目と環境大臣が定める2項目に再整理された（図5-2）。
- ◇ 都道府県知事が定める4項目
    - ○ その生息数が著しく減少し、又はその生息地の範囲が縮小している鳥獣（第一種特定鳥獣）の保護に関する計画（第一種特定鳥獣保護計画）
    - ○ その生息数が著しく増加し、又はその生息地の範囲が拡大している鳥獣（第二種特定鳥獣）の管理に関する計画（第二種特定鳥獣管理計画）
- ◇ 環境大臣が定める2項目
    - ○ 国際的又は全国的に保護を図る必要がある鳥獣（希少鳥獣）の保護に関する計画（希少鳥獣保護計画）
    - ○ 特定の地域においてその生息数が著しく増加し、又はその生息地の範囲が拡大している希少鳥獣（特定希少鳥獣）の管理に関する計画（特定希少鳥獣管理計画）

### 特定鳥獣管理保護計画制度
**1999年（平成11年）から野生動物の管理方法が変わった**

野生動物管理：国→地方

1. 計画のねらい：地域的に著しく増加している種等について、種の維持を図りつつ、農林業被害の軽減等を図るための管理
2. 対象：サル、シカ、イノシシ等の地域的に著しく増加している種およびクマ等の著しく減少している種
3. 計画内容：①個体数管理、②被害防止対策、③生息環境の保全、整備、④その他
4. 特例措置：①猟期の延長、②狩猟禁止・制限の解除または緩和

1999年（平成11年）の「鳥獣保護及狩猟ニ関スル法律」の改正で「特定鳥獣保護管理計画制度」が設けられた。これは、今まで国が行っていた鳥獣保護事業計画を各都道府県それぞれで、都道府県知事が限定した特定の種について独自に保護管理計画を策定して管理すること、というものである。野生鳥獣と人との軋轢を解消するために、科学的な調査に基づいて計画的に実施する制度である。個体群数のモニタリングを行い、数年後に見直しを行うことが義務付けられている。

### 新たな特定鳥獣管理計画制度
**2014年（平成26年）に再整理された**

大きく「害鳥獣」と「保護鳥獣」に分けて再整理された。
ニホンジカやイノシシなどのように、個体数や分布域の増大により重大な農林水産業被害を与えたり、自然生態系の攪乱を引き起こしたりするなど、人と野生鳥獣の軋轢が深刻化している鳥獣とツキノワグマなどのように、生息環境の悪化や分断等により地域個体群としての絶滅のおそれが生じている鳥獣で、長期的な観点から当該地域個体群の安定的な維持及び保護繁殖を図る必要がある鳥獣に分けて再整理した。

1. **都道府県知事が定める**
    - ア その生息数が著しく減少し、又はその生息地の範囲が縮小している鳥獣（第一種特定鳥獣）の保護に関する計画（第一種特定鳥獣保護計画）
    - イ その生息数が著しく増加し、又はその生息地の範囲が拡大している鳥獣（第二種特定鳥獣）の管理に関する計画（第二種特定鳥獣管理計画）
2. **環境大臣が定める**
    - ウ 国際的又は全国的に保護を図る必要がある鳥獣（希少鳥獣）の保護に関する計画（希少鳥獣保護計画）
    - エ 特定の地域においてその生息数が著しく増加し、又はその生息地の範囲が拡大している希少鳥獣（特定希少鳥獣）の管理に関する計画（特定希少鳥獣管理計画）

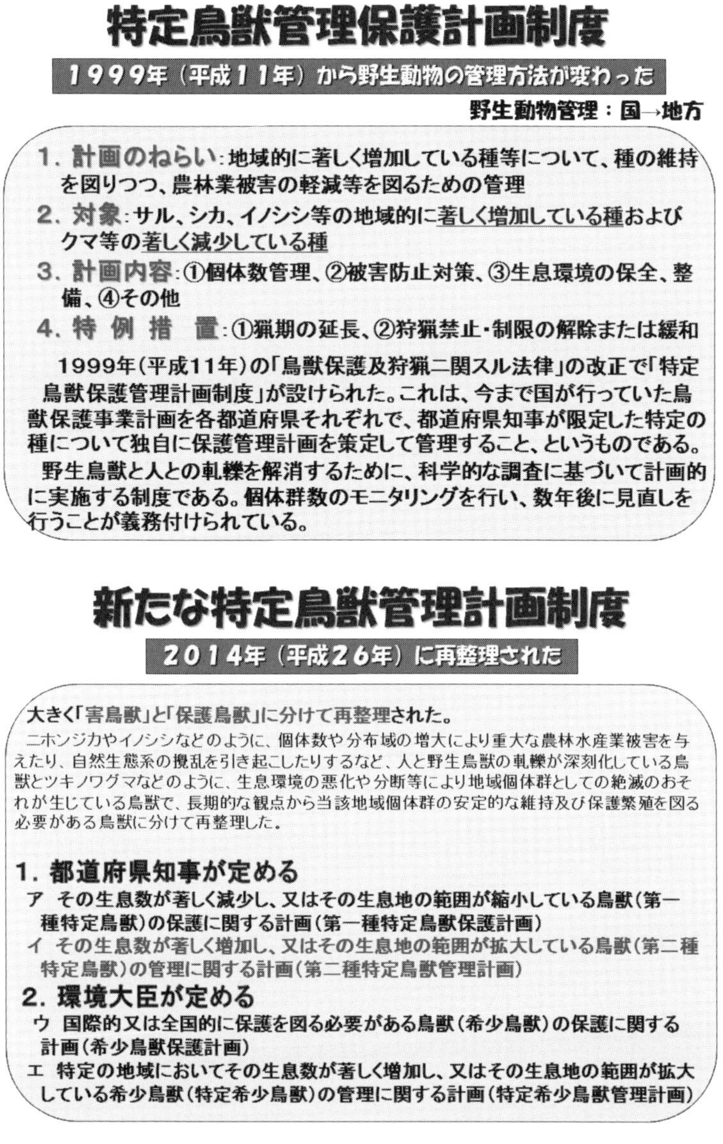

図5-2 第二種特定鳥獣管理計画の特別措置
環境省HPから引用。

特定計画は、専門家や地域の幅広い関係者の合意を図りながら、科学的で計画的な保護又は管理に係る目標を設定し、これに基づいて、鳥獣被害の防除、鳥獣の生息環境の整備、鳥獣の適切な個体群管理の実施など、様々な対策を総合的に講じる法律である。

## (2) 対象鳥獣

鳥獣保護管理法において、特定計画の対象となる鳥獣の種類については、以下の2つを想定している。

- ニホンジカ、イノシシ、ニホンザル、カワウなどのように、個体数や分布域の増大により重大な農林水産業被害を与えたり、自然生態系の攪乱を引き起こしたりするなど、人と野生鳥獣の軋轢が深刻化している鳥獣（東北・中部地域の県ではツキノワグマをここに位置づけ）
- ツキノワグマなどのように、生息環境の悪化や分断などにより地域個体群としての絶滅のおそれが生じている鳥獣で、長期的な観点から当該地域個体群の安定的な維持及び保護繁殖を図る必要がある鳥獣

## (3) 保護及び管理におけるゾーニング

特定計画の計画対象となる地域は、土地利用や生息密度などの状況に応じてゾーニングし、鳥獣の保護及び管理をする必要がある。例えば、生息地として重要な区域、人と鳥獣との生活圏と生息圏を分離し将来的に両者の共存を成立させるための区域、人間社会の側から防衛ラインを設定して鳥獣の生息を許容しない区域などが考えられるが、地域の実情に応じたきめ細かなゾーニングの検討が必要である。

## (4) 保護及び管理の目標の柔軟性

野生鳥獣の生息状況などは不確実なものであることを踏まえて、柔軟で順応的な管理手法（フィードバックシステム）を創出する必要がある。このため、保護及び管理の目標値は、固定的な数値水準ではなく、一定の幅を持って定め、状況の変化に応じて、適時的確な見直しが行われなければならない。

## (5) モニタリング

特定鳥獣の捕獲数は、鳥獣の生息動向（個体数、密度、分布域、栄養状態、齢・性別構成など）、農林業・生態系被害の程度などの変化、狩猟や個体数調整などによる捕獲の実施状況などを踏まえて、毎年、検討される必要がある。

そのため、特定鳥獣の地域個体群の生息動向、生息環境、被害の程度などについてモニタリングを行い、特定計画の進捗状況を点検するとともに、個体群管理の年間実施計画などの検討（フィードバック）に反映させなければならない。

## (6) 特例措置

①猟期の延長、②狩猟禁止・制限の解除または緩和（図5-2参照）。

## ② 特定鳥獣保護管理計画を策定している都道府県（2016年4月1日現在）

特定計画を策定しているのは、沖縄県を除く46都道府県で、そのうち、害鳥獣では、ニホンジカが

表 5-1　第一種特定鳥獣保護計画及び第二種特定鳥獣管理計画の作成状況

| 都道府県 | ニホンジカ 第一種 | ニホンジカ 第二種 | クマ類 第一種 | クマ類 第二種 | ニホンザル 第一種 | ニホンザル 第二種 | イノシシ 第一種 | イノシシ 第二種 | ニホンカモシカ 第一種 | ニホンカモシカ 第二種 | カワウ 第一種 | カワウ 第二種 |
|---|---|---|---|---|---|---|---|---|---|---|---|---|
| 北海道 |  | ◎ |  |  |  |  |  |  |  |  |  |  |
| 青森県 |  |  |  |  |  | ◎ |  |  |  |  |  |  |
| 岩手県 |  | ◎ |  | ◎ |  |  |  |  |  | ◎ |  |  |
| 宮城県 |  | ◎ |  | ◎ |  | ◎ |  | ◎ |  |  |  |  |
| 秋田県 |  |  |  | ◎ |  | ◎ |  | ◎ |  | ◎ |  |  |
| 山形県 |  |  |  | ◎ |  | ◎ |  | ◎ |  |  |  |  |
| 福島県 |  | ◎ |  | ◎ |  | ◎ |  | ◎ |  |  |  | ◎ |
| 茨城県 |  |  |  |  |  |  |  | ◎ |  |  |  |  |
| 栃木県 |  | ◎ |  | ◎ |  | ◎ |  | ◎ |  |  |  |  |
| 群馬県 |  | ◎ |  | ◎ |  | ◎ |  | ◎ |  | ◎ |  | ◎ |
| 埼玉県 |  | ◎ |  |  |  |  |  | ◎ |  |  |  |  |
| 千葉県 |  | ◎ |  |  |  | ◎ |  | ◎ |  |  |  |  |
| 東京都 |  | ◎ |  |  |  |  |  |  |  |  |  |  |
| 神奈川県 |  | ◎ |  |  |  | ◎ |  |  |  |  |  |  |
| 新潟県 |  |  |  | ◎ |  | ◎ |  | ◎ |  |  |  |  |
| 富山県 |  | ◎ |  | ◎ |  | ◎ |  | ◎ |  |  |  |  |
| 石川県 |  | ◎ |  | ◎ |  | ◎ |  | ◎ |  |  |  |  |
| 福井県 |  | ◎ | ○ |  |  | ◎ |  | ◎ |  |  |  |  |
| 山梨県 |  | ◎ |  |  |  | ◎ |  | ◎ |  |  |  |  |
| 長野県 |  | ◎ |  | ◎ |  | ◎ |  | ◎ |  | ◎ |  |  |
| 岐阜県 |  | ◎ |  | ◎ |  |  |  | ◎ |  | ◎ |  |  |
| 静岡県 |  | ◎ |  |  |  |  |  | ◎ |  | ◎ |  |  |
| 愛知県 |  | ◎ |  |  |  | ◎ |  | ◎ |  | ◎ |  |  |
| 三重県 |  | ◎ |  |  |  | ◎ |  | ◎ |  |  |  |  |
| 滋賀県 |  | ◎ | ○ |  |  | ◎ |  | ◎ |  |  |  | ◎ |
| 京都府 |  | ◎ | ○ |  |  | ◎ |  | ◎ |  |  |  |  |
| 大阪府 |  | ◎ |  |  |  |  |  | ◎ |  |  |  |  |
| 兵庫県 |  | ◎ | ○ |  |  | ◎ |  | ◎ |  |  |  |  |
| 奈良県 |  | ◎ |  |  |  |  |  | ◎ |  |  |  |  |
| 和歌山県 |  | ◎ |  |  |  | ◎ |  | ◎ |  |  |  |  |
| 鳥取県 |  | ◎ | ○ |  |  |  |  | ◎ |  |  |  |  |
| 島根県 |  | ◎ | ○ |  |  |  |  | ◎ |  |  |  |  |
| 岡山県 |  | ◎ | ○ |  |  |  |  | ◎ |  |  |  |  |
| 広島県 |  | ◎ | ○ |  |  |  |  | ◎ |  |  |  |  |
| 山口県 |  | ◎ | ○ |  |  | ◎ |  | ◎ |  |  |  | ◎ |
| 徳島県 |  | ◎ |  |  |  | ◎ |  | ◎ |  |  |  |  |
| 香川県 |  |  |  |  |  | ◎ |  | ◎ |  |  |  |  |
| 愛媛県 |  |  |  |  |  |  |  |  |  |  |  |  |
| 高知県 |  |  |  |  |  |  |  |  |  |  |  |  |
| 福岡県 |  | ◎ |  |  |  |  |  | ◎ |  |  |  |  |
| 佐賀県 |  |  |  |  |  |  |  | ◎ |  |  |  |  |
| 長崎県 |  | ◎ |  |  |  |  |  | ◎ |  |  |  |  |
| 熊本県 |  | ◎ |  |  |  |  |  | ◎ |  |  |  |  |
| 大分県 |  | ◎ |  |  |  |  |  | ◎ |  |  |  |  |
| 宮崎県 |  | ◎ |  |  |  | ◎ |  | ◎ |  |  |  |  |
| 鹿児島県 |  | ◎ |  |  |  |  |  | ◎ |  |  |  |  |
| 沖縄県 |  |  |  |  |  |  |  |  |  |  |  |  |
| 策定都道府県数 |  | 40 |  | 21 |  | 25 |  | 40 |  | 7 |  | 4 |
| 内数（第一種／第二種） | 0 | 40 | 9 | 12 | 0 | 25 | 0 | 40 | 0 | 7 | 0 | 4 |

注）1：46 都道府県、139 計画が報告されている（第一種：9 計画、第二種：130 計画）。
　　2：北海道はゴマフアザラシについて、第二種計画作成済（注 1 の合計数に含む）。
　　3：鹿児島県のニホンジカ計画は、2 地域で作成されている（注 1 の合計数に含む）。

数値は 2016 年 4 月 1 日現在、環境省 HP まとめによる。

40、イノシシが 40、ニホンザルが 25、カワウが 4、ニホンカモシカが 7、ツキノワグマが 12 都道府県、保護鳥獣では、ツキノワグマが 9 都道府県である（前頁の表 5-1）。

### ③ 特定鳥獣管理計画活動の位置づけ

特定計画は単なる捕獲計画ではない。総合的対策の 3 段階（①被害管理、②個体数管理、③生息地管理）を計画的に実施しなければならない（図 5-3）。各対策の位置づけをここで明確にしておく。

ワンは、地域住民主動で集落の被害管理を行い、里のエサ場価値を下げて野生動物を森へ押し戻す。ツーは、行政主動で特定計画に基づいた個体数調整を行う。スリーは、行政主動で森の改変を行ってエサ場価値を上げる。ワン、ツー、スリーの順番で特定計画を実施する。いわゆる科学的データに基づいた総合的対策計画である。

### （1）被害管理

◎ 里のエサ場価値を下げて、野生動物を森へ押し戻す（地域住民主動：緊急的対策）

下記に例をあげた地域ぐるみ対策を行って、野生獣にとって魅力のない里をつくり上げる。

◆ 生ゴミ、農作物残渣の適正処理（野生動物のエサとなる生ゴミなどを野外に放棄しない）
◆ 放任果樹の適正管理（野生動物の誘引物となる不要な果樹は伐採または低木仕立てにして管理しやすくする。地域で一斉収穫を行う。）
◆ 吊るし柿、タマネギなど保存農産物の適正管理（不用意に屋外に食べ物を出さない）
◆ 家庭菜園の適正管理（自家消費農園であっても野生動物に簡単に農作物を取らせない）
◆ 農作物を防護柵などで守る（野生動物に簡単に農作物を取らせない）。

図 5-3　特定鳥獣管理計画制度の対策位置づけ

◆ 水稲収穫後に発生するヒコバエ（2番穂）の適正管理（特に極早生・早生品種の収穫後は秋起こしを行って野生動物のエサとなるヒコバエを発生させない）
◆ 隠れ家・逃げ場になる雑草地、高木の適正管理（野生動物の警戒心を高めるために隠れ家・逃げ場を除去する）
◆ 墓地のお供え物の持ち帰り（野生動物に餌付けをしない）
◆ 緩衝地帯（バッファーゾーン）の設置（森と農地との間にゾーニングを行って見通しのよい空間をつくって野生動物の警戒心を高める）
◆ 家畜を放牧する（緩衝帯に家畜を放牧してゾーニング効果・環境変化効果・人圧の増加効果の相乗効果で野生動物の長期に警戒心を高める）
◆ 追い払い、追い上げを行う（野生動物に人は怖いと教える）

### (2) 個体数管理

◎ 個体数管理を行う（行政主動：中長期的対策）

里に出没している野生動物を森に押し戻したあと、第二次特定鳥獣管理計画に基づいて、現状の森のエサ場キャパシティに即した適正生息個体数まで個体数調整を行う（押し戻した個体数が賄えるだけの森のエサ量が不足している場合）

◎ 滋賀県の特定計画の事例

滋賀県では、2002年（平成14年）にニホンザル、2005年（平成17年）にはニホンジカ、2008年（平成20年）にはツキノワグマ、2010年（平成22年）にはカワウ、2012年（平成24年）にはイノシシの

図 5-4 滋賀県における 2008 ～ 2011 年度（平成 20 ～ 23 年度）のニホンザルの分布
琵琶湖（中央）の周囲の小さな網がけは、群れへの遊動域を示す。

特定鳥獣保護管理計画を策定した。

ニホンザルの特定計画は群れごとに遊動域、遊動域内の森林植生（広葉樹・針葉樹の割合）と集落・農地の依存度、加害レベル（1（低）から10（高）までランク付け）が調査され、群れごとの管理計画が策定されている日本で最も精密な計画である。特定計画は1次、2次、3次そして第二種特定計画へと経過しているが、現在では県内には群れ数が125群（2002年（平成14年）特定計画策定時から16群増加）、約8,000頭が県内に生息していると推定している（図5-4）。群れの遊動域は琵琶湖を取り囲む森林に回廊を形成して連続して配置されている。この連続性はハナレのオスザルが交尾のため近隣の別群れへ移動しやすいように配置されていると考えられている（近親交尾の回避のため）。

捕獲許可は被害対策を行っていることが前提に市町、協議会などが実施計画を作成し、特定計画検討委員会において加害レベル7以上の群れごとに捕獲（部分捕獲・全頭捕獲など）協議がなされている（滋賀県, 2012）。特定計画検討委員会で承認されれば、知事の捕獲許可を経て、実施計画に基づいて捕獲が実施されることになる。

ニホンジカの特定計画は、1次、2次、第二種特定計画（3次）と内容変更がなされているが、第2次計画では、県内の適正生息頭数が8,000頭に対して、2010年度（平成22年度）の県内の推定生息頭数が中間値57,000頭（47,000～67,000頭）と推定された（図5-5）。捕獲目標は、2017年度（平成29年度）までに2010年度（平成22年度）の生息頭数の半数にするとして、そのためには年間11,000～16,000頭（メス：6,600～9,600頭（60％）以上）を設定していた。しかし、毎年の計画の捕獲目標頭数が未達成になり、3次計画では2015年（平成27年）の推定生息頭数が中間値71,000頭（56,000～92,400頭）と変更した（図5-6）。段階的に新たな捕獲目標頭数を平成29年：19,000頭（メス11,400頭）→平成30年：18,000頭（メス：10,000頭）→平成31年：16,000頭（メス9,600頭）→平成32年：15,000頭（メス：9,000頭）→平成33年：14,000頭（メス8,400頭）と再設定した（滋賀県, 2017, 図5-7, 5-8）。

なお、鳥獣保護法の特定計画に基づく特例措置として、狩猟期の延長（11月15日→11月1日、1月15日→3月15日）、メス狩猟解禁を行っている。

図5-5　滋賀県における2010年度（平成22年度）のニホンジカの推定生息頭数

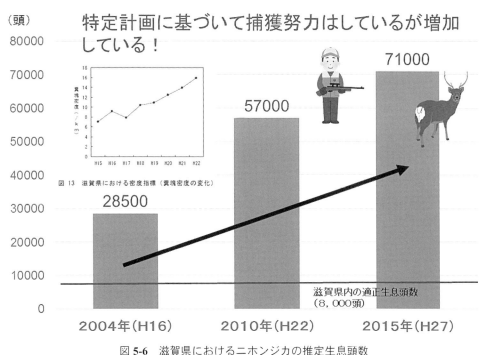

図 5-6 滋賀県におけるニホンジカの推定生息頭数

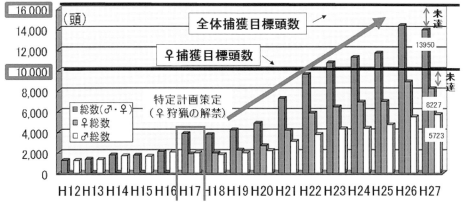

図 5-7 滋賀県におけるニホンジカの捕獲頭数の推移

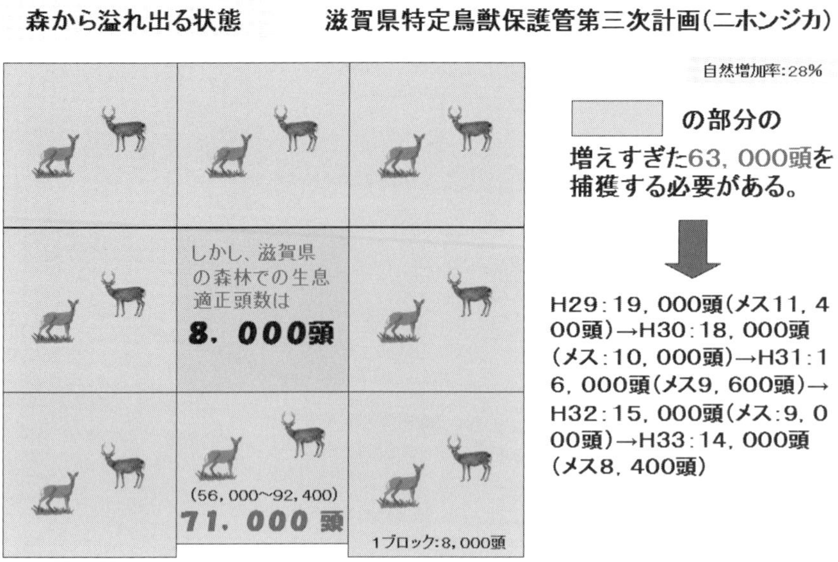

図5-8 滋賀県における2015年度（平成27年度）のニホンジカの推定生息頭数

(3) 生息地管理

◎ 森を改変して森のエサ場価値を上げる（行政・関係団体主動：中長期的対策）

個体数調整後に個体数が増加しても里へ下りてこないように、計画性をもって、人工林の適正管理（間伐・枝打ち）、小規模間伐（大規模伐採を行うと伐採地が一時期に草原になってシカのエサ場価値が一気に上がるため）、広葉樹植林などを行って森のエサ場価値を上げて、野生動物が棲みやすい針広混交林へ徐々に復元させる。

図5-9 第二種特定鳥獣管理計画制度の位置づけのまとめ

# 第2部

# 鳥獣害問題の具体的な解決策と解決方法

# 6章 地域づくりと地域ぐるみによる鳥獣害対策

　地域ぐるみによる鳥獣害対策や野生動物教育の重要性に関して、国会の参考人として第164回国会衆議院環境委員会（2006年（平成18年）6月6日）で提案する機会を得た。ここでは、『日本のシシ垣』（寺本, 2010, 古今書院）で執筆した内容も含めて、地域ぐるみ対策の考え方や集落の合意形成手法、リーダー育成手法などについて説明する。

##  江戸時代の地域ぐるみによる鳥獣害対策意識

　同品目作物をまとめて肥培管理する農業は、集中管理を行うことによって効率的な食糧生産ができるという長所と、病害虫の発生が蔓延しやすく、また害獣による被害を受けやすいという短所との両面を持ち合わせている。しかし、先人たちは、それら病害虫と害獣との闘いの中、協働で食糧生産を行ってきた。

　江戸時代、住民が害獣対策として考え出したのが日本版の万里の長城、いわゆる「シシ垣」である。シシ垣の「シシ」は野生動物の猪（イノシシ）と鹿（シカ）を意味する。すなわち、シシ垣はイノシシ、シカに対する現代でいう侵入防止柵である。シシ垣の設置に当たっては、安定した食糧供給を得るため、集落住民を総動員して手作業で石を積み重ねて石垣を長距離にわたって築き上げ、田畑を含めて集落全体をシシ垣で囲い込んだ。また、野生動物は突き当たると垣に沿って移動する習性を利用して、貴重な動物蛋白を得ようとシシ垣に沿ったところに捕獲用の落とし穴を掘り、被害対策と食料確保の一石二鳥を狙ったところも多い（落とし穴による狩猟は現在では禁止されている）。

　これといった作業機械がなかったこの時代、これら建設作業は住民にとって相当の重労働であったであろう。しかし、この当時の取り組み姿勢こそが、ぼくたち鳥獣害対策指導者が目標としている「地域ぐるみによる鳥獣害対策」精神の神髄といえる。当時、各地域で事情が異なっていただろうが、集落内でどのような手法で合意形成を得て、大工事を実施するまでに至ったのか？地域ごとの合意形成過程についてはたいへん興味深いものがあり、現代人は江戸時代の人々の集落運営のやり方に学ぶところが多い。

　江戸時代のシシ垣設置にかかる住民の意識ベクトルは同サイズで同方向であったのではないだろうか？それは、イノシシなどの野生動物の被害によって食糧の安定生産・供給が脅かされ、生活自体が危ぶまれる状況に陥っていたからだ。その結果、野生動物被害が住民全体の問題となり、シシ垣設置が共通認識になったことにより、住民間の合意形成が得やすかったのであろう。

## ② 現代社会の鳥獣害対策意識と住民の意識改革の方向

江戸時代と現代社会とでは社会背景が異なる。では、現代社会で被害集落を地域ぐるみ対策へ誘導するためには、指導者はどういう趣旨で誘導すべきなのであろうか？

鳥獣害対策は、江戸時代と同様に、現代社会においても被害住民自らが対策を行う必要があるが、そのためには鳥獣害問題が地域住民（被害者で住民も含む）自らの課題であることを認識し積極的に地域ぐるみで行うことが重要である。それゆえ、個人対策から地域ぐるみの対策へ住民の意識変革を行う必要がある。研修会における一事例提案例を下記に示す。

例えば、図6-1に示すように、猿害多発地域において、A氏とB氏とが山沿いにおいて隣同士で楽しみ目的で家庭菜園を行っていると仮定する。しかし、近年、サルによる被害が多く、A氏に限らず集落内の収穫物はサル害によってほとんど食べられない状況にある。そこで、A氏は防護柵を設置した。それ以降、A氏の畑では被害がなくなったが、B氏の畑に被害が集中した。そのとき、B氏は次のように話した。

「Aさんが自分の畑を防護柵で囲んだから、サルがみんなこっちの畑へ来た。Aさんは自分のことだけを考えている勝手な人だ。人が迷惑していることを分かっているのだろうか？」

ここで考えてみる。被害の軽減には「集落全体で対策を実行する」ということである。A氏が防護柵で囲んだら、B氏は「Aさんは集落の餌場価値を下げるため、みんなのことを考えて防護柵で囲んでくれたのだな。集落の餌場価値を下げるためにみんなで協力しなければ。」と言えるように、個々の住民の意識改革を行う必要がある。

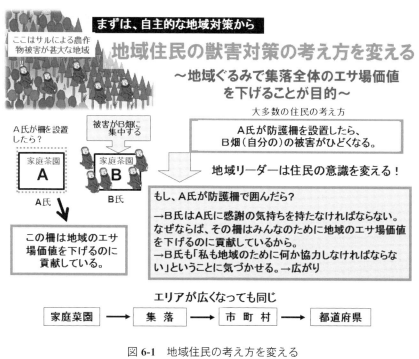

図6-1　地域住民の考え方を変える
カバーのカラー図も参照。

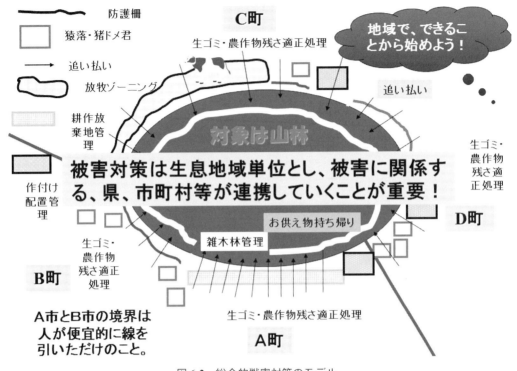

図 6-2 総合的獣害対策のモデル

　ここでは、「家庭菜園」という小規模面積の話だが、規模が「集落」「市町村」「都道府県」と大きくなっても同様なことがいえる。A町がハード事業で大規模に防護柵を設置したところ、隣のB町で野生獣による被害が増大した。B町役場の獣害担当者は、A町役場を非難する。こういう状況は地域での鳥獣害対策会議上でしばしば見受けられる。そもそも鳥獣害対策は便宜的に区切られた集落や市町村単位で行うものではなく、対策対象は生息山林とその周辺の里であり、その山を取り巻くA町、B町、C町、D町……それぞれが協力した総合的対策を講じて、初めて地域の被害が軽減できる（図6-2）。

　被害発生当初は、被害住民からは行政に対して対策が求められることになるが、これは住民自らの問題であって、地域の鳥獣害被害を軽減させるためには、地域住民の「個々の被害者意識」から「地域ぐるみによる総合的対策意識」へ改革させることこそが、指導者の最も重要な仕事である（寺本, 2005a）。

## 3　合意形成手法

### (1) 点的（個人）対策から面（組織）的対策への誘導の必要性

　被害防止対策においては、個々の農家による「点的対策」よりも、地域ぐるみの「面的対策」を実施するほうが防止効果は高くなるのは言うまでもない。集落がまとまらず、防護柵の設置などの対策を個々の農家が行う点的対策を行った場合は、対策農地以外の近隣農地に被害が移動するため地域全体としての被害は軽減しにくく、個人の経費負担も重くなる。地域ぐるみによる「面的対策」を実施すれば、確実に地域被害が軽減でき、かつ個人の経費負担も軽減できる。

　例えば、「対策を行っていない地域」では、農地はイノシシ5頭分の被害を受ける（図6-3左上）。「個

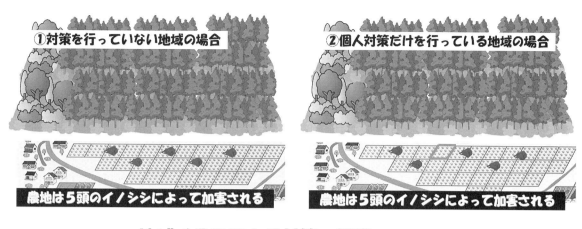

図 6-3 対策による被害の違い
地域ぐるみの対策を行えば、加害されない。

人対策だけを行っている地域」では、対策をした個人農家の被害はなくなるが、地域全体としての被害は対策を行っていない地域と変わりなく5頭分で被害量は減少しない（図6-3右上）。次に「地域ぐるみによる面的な対策」を行うことによって地域全体の被害は初めてゼロとなり、経費も最大限に節減できる（図6-3下）。

したがって、鳥獣害対策では、指導者はまず個人の点的対策から組織（地域）ぐるみによる面的対策へ誘導する必要がある。しかし、集落全体が貧困で生きるために農作物を守るという利害関係が同じであった江戸時代と異なり、現代の利害関係が異なる地域住民全員の合意形成を経て、集落ぐるみによる面的対策へ誘導するのは難しい。

**(2) 会社組織と自治会組織との違い**

集落や地域内での住民の意見や考え方は多様であり、それぞれの意識の高さや考え方が同一ではない。会社組織では合意形成がなくても上司のトップダウンによる命令で組織を同じ方向性に誘導できるが、平等な立場の地域社会ではトップダウンの命令は通用しない（図6-4）。自治組織は、給料を受け取る会社組織と異なり、住民の考え方のベクトルの大きさや方向が異なるので、住民全体を一定の方法に

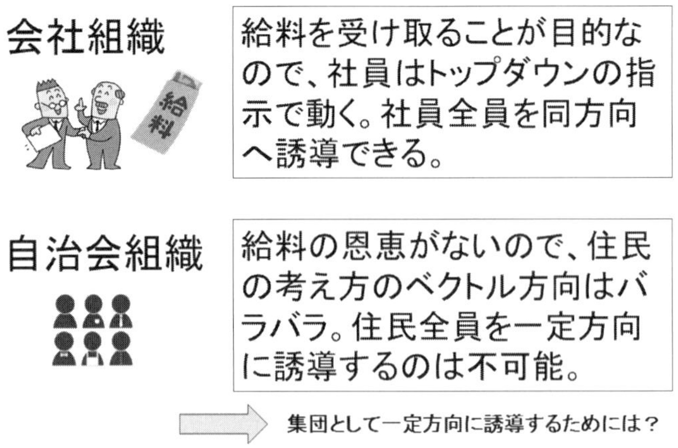

| | |
|---|---|
| 会社組織  | 給料を受け取ることが目的なので、社員はトップダウンの指示で動く。社員全員を同方向へ誘導できる。 |
| 自治会組織 | 給料の恩恵がないので、住民の考え方のベクトル方向はバラバラ。住民全員を一定方向に誘導するのは不可能。 |

⇒ 集団として一定方向に誘導するためには？

図 6-4　会社組織と自治会組織の違い

*計算どおりには（コンピューターを駆使しても）人は動かない。対象は生産者、住民。*

◆ **なぜ合意形成が形成しにくいのか？** →集落は会社組織と違って上下関係が薄く、複雑な人々の感情がからむため（考え方のベクトル方向が人によって異なる）。

◆ **どうしたらいい？** →まず合意形成技術のポイントを身につける（50％）。

◆ **それだけでいい？** →対人会話術のポイントを身につける（50％）
（そのためには個人の資質を磨く（50％）→クラッチのあそび部分（潤滑剤）を養う。）

> ◆ **クラッチのあそび部分って何？**→
> ● クラッチのあそび部分とは「幅広い知識」のこと（人それぞれによって異なる）。
> ● 人の話をちゃんと聞けることが重要。
> ○ クラッチのあそび部分を潤滑剤として使って、まず最低限の人間関係をつくって（警戒心を取り払って）から、タイミングを図ってこちらの思いへ誘導する（強引に動かそうとしても人は動かない）。
> ● なぜならば、生産者、住民の誘導には組織の権力は通用しない。
> ● 人、集落によっては長期戦になる場合もある。
> ● 根気強く説得できる精神、かつ指導・統率力を養って、相性が悪い人でも誘導できる力をつける。

図 6-5　どうしたら人が動くのか？

誘導するのは困難である。

　集落の合意形成が形成しにくいのは、集落が会社組織と違って上下関係が薄く、複雑な人々の感情がからむためである（考え方のベクトル方向が人によって異なる）。そのためには、指導者が合意形成技術のポイントを身につけ（50％）、かつ対人会話術のポイントを身につける（50％）ことが必要である（図6-5）。

　対人会話技術を向上させるには、個人の資質の向上、すなわち「幅広い知識を習得すること」、そして「人の話をきちんと聞けること」の2点が重要である。これらのことを潤滑剤として使って、まず最低限の人間関係をつくって（警戒心を取り払って）から、タイミングを図って地域ぐるみ対策へ誘導する（強引に動かそうとしても人は動かない）。

### (3) 集落研修会での実例と住民との対応方法
◎ 集落研修会の実例

　近年鳥獣害が急増した地域では、その野生動物被害は突然降りかかった災害のように捉えがちになる。なぜならば、多くの地域では、野生動物による農作物被害や家屋被害、人身被害まで住民が今まで経験したことのない野生動物災害に遭遇してパニック状態に陥っているからである。そのため、災害時と同様に、野生動物の被害対策を行うのは被災者の自分たちではなく、行政が対処するべきものだという認識に陥りがちになる。

　図 6-6 は、近年、野生動物被害が発生したばかりでまだ組織対策が実施されていない集落で、指導機関が初めて「地域ぐるみ対策研修会」開催の様子を模式化したものである。

　多くの住民が他に持っていきようがない野生動物に対する苦情を市町村役場へ伝え、いち早く捕獲で被害をなくしてほしいと切望している被害集落の話である。そこで指導機関は被害集落で地域ぐるみ対策誘導に関する研修会を開催した。

　そのような研修会の会場内の住民の配置は、前列の席には賛成（地域ぐるみによる総合的対策同調）派、中間席には中立（迷っている）派、後列の出入口側には反対（行政主動による捕獲推進）派となる場合が多い。集落内は考え方が異なる住民の集合体である。その中で指導者が、初回の集落研修会から住民全体を一定の方向に誘導するのは困難であるのは言うまでもない。

　研修講演が終了して質疑に入ると、まず行政主動の捕獲推進派の住民から「地域ぐるみ対策のような生ぬるいことをしたって被害は減らない。サルなどの害獣はすべて駆除しなければ、被害がなくならない。あなたはきれいごとを言っているだけで、ここに住んだことがあるか？　わしらがあいつらのせいでどんな苦労をしているか知っているのか？」と強い口調の意見が出る。このような被害住民の発言はよくあることだが、被害感情的にはよく理解できる。

　経験の浅い指導者は住民から怒鳴られると最初のうちは戸惑うであろうが、最初の鳥獣害対策研修はこのような状態から始まるのが通常である。

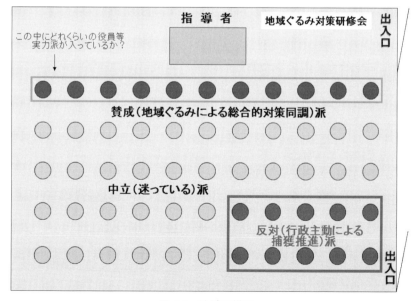

図 6-6　地域の構図

野生動物問題は奥深く、駆除だけでは問題は解決しないので、指導者は地域の鳥獣被害を中長期的に軽減させるには継続的に実施できる地域ぐるみ対策へ誘導する必要があり、このアウェイな状態から被害住民の意識を変え、最終的に集落ぐるみによる対策へ誘導しなければならい。この一連の指導活動は大変であるが、鳥獣害問題の解決のためには避けては通れない重要な仕事である。

◎集落研修会での住民との対応方法
　集落研修会で地域ぐるみ対策へ誘導する被害住民との対応法のポイントは、下記のとおりである（図6-7も参照）。

- 「地域ぐるみによる総合的対策」に誘導する研修会を開催する。
- 最初の研修会から住民全体を誘導するという高い望みはしない。
- 最初は質疑のところで一部住民から地域ぐるみ対策への強い反発があることが多い（行政主動の捕獲推進派）。
- 強く言われても、絶句しない（会場を緊張感ある場にしない）。
- けんか腰にならず、相手の意見を真っ向から否定せず、同調しながら、たとえ相互の意見が平行線になっても、地域ぐるみ対策の必要性の主張は崩さない（目立たないが同調派は多い）。
- 地域ぐるみ対策の主張が説得力のあるものにするため、「捕獲だけでは被害軽減につながらない事例」と「地域ぐるみ対策での成功モデル経験・事例」を持っておく。
- その後、研修会を継続実施し、現地指導も平行して実施する。
- ここで大切なのは、現地指導（柵設置など：関係機関もポイントは一緒に作業）によって、被害住民と良好な人間関係を形成させ、確実に被害を軽減させること。そうすれば、駆除推進派の住民も徐々に同調してくれるようになる。
- これを繰り返していると、地域は指導者についてくるようになり、徐々に生産者、住民の意識が変わってくる。→さらなる合意形成の進展へ。

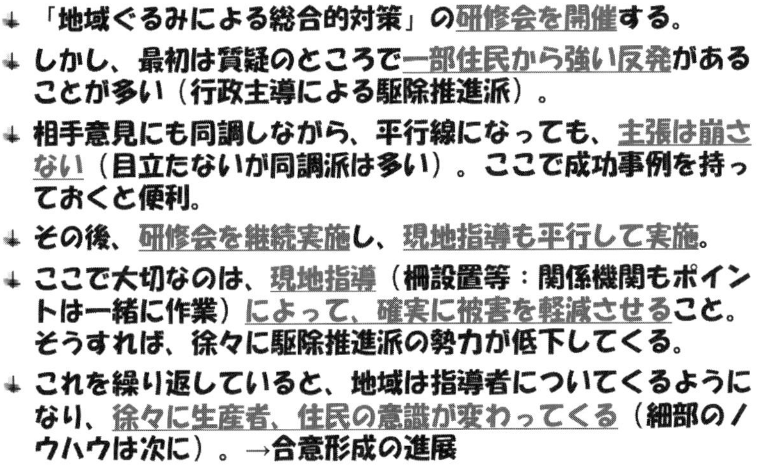

- 「地域ぐるみによる総合的対策」の研修会を開催する。
- しかし、最初は質疑のところで一部住民から強い反発があることが多い（行政主導による駆除推進派）。
- 相手意見にも同調しながら、平行線になっても、主張は崩さない（目立たないが同調派は多い）。ここで成功事例を持っておくと便利。
- その後、研修会を継続実施し、現地指導も平行して実施。
- ここで大切なのは、現地指導（柵設置等：関係機関もポイントは一緒に作業）によって、確実に被害を軽減させること。そうすれば、徐々に駆除推進派の勢力が低下してくる。
- これを繰り返していると、地域は指導者についてくるようになり、徐々に生産者、住民の意識が変わってくる（細部のノウハウは次に）。→合意形成の進展

図6-7　生産者、住民の意識を変える方法

## 既存の組織会則・規程を活用する

1. 指導者のもと、住民参加型の集落環境診断（点検）を実施して、集落内の課題（問題点）を洗い出し、それら問題点を住民の目で確認する。
2. その結果を踏まえて、指導者による助言のもと、集落で対策すべき項目を十分に検討してから、役割分担（役員、対策組織、自治会（非農家含む）、個人、関係機関等）を明確にした年次計画・単年度計画（対策案）を作成する。
3. 対策案に対して、まず役員会議で合意を取り、そして総会で多数決により承認されれば、たとえ反対派がいても地域ぐるみの対策実施が可能となる。

例）会員の3分の2以上の賛成で可決する。

図 6-8　地域ぐるみ対策に向けての合意形成手法

### (4) 具体的な住民の誘導手法

このような会社組織でない意見や考え方が異なるすべての住民の合意形成を得るのは困難である。しかし、既存組織の意思決定ルールなどを活用すれば、少数の反対派が存在していても組織としての合意形成は可能である。集落に対する具体的な合意形成手法を紹介する。

◎ 既存組織の意思決定ルールを活用する

対策案に対して、まず役員会議で合意を取り、そして総会で多数決により承認されれば、たとえ反対派がいても地域ぐるみの対策実施が可能となるだろう。うまく集落などの既存組織のルール（例えば農業組合や自治会の会則・規約）を利用して、組織としての合意形成を図ることが組織を動かすことがポイントである（図 6-8）。

- 集落対策組織（農業組織、自治会など）（組織有志（役員））、市町村役場（行政機関）、普及指導機関（指導機関）などの3者間の会議を持つ。
- 集落対策組織から被害状況などについて、現地検証も含めたヒアリングを行う。
- 住民（特に組織役員）参加型の集落環境診断（点検）※を実施して集落の課題・問題点を洗い出し、それら課題・問題点を住民の目で確認させ、被害住民に地域ぐるみ対策の動機づけを与える。

  注※ 集落環境の野生動物管理に対する欠点を組織役員の多くを含む地域ぐるみ対策賛成派の住民と共に診断する。指導者のもと、集落環境診断（点検）を実施して、集落内の課題や問題点を洗い出し、それら集落内の野生動物管理面での問題点を住民の目で確認してもらう。被害住民とともに集落環境診断（点検）を実施することにより、被害住民に地域ぐるみ対策実施の必要性に関する動機づけを与える。集落環境診断（点検）では、加えて、集落内の巡回中に住民から野生動物被害に関する情報以外の色々な集落内の情報を聞きとることができるので、指導者はそれらの集落情報を含めて分析して、集落状況に即した最適な合意形成の手法を模索する。

- その結果を踏まえて、普及指導機関、市町村役場などの指導機関が集落対策組織に具体的な対策素

案を提示し、指導者による助言のもと、集落で対策すべき項目について十分に検討してから、集落の役員などが主体となって複数年にわたる役割分担（役員、対策組織、自治会（非農家含む）、個人、関係機関など）を明確にした年次（複数年）実施計画、単年度（1年）実施計画の作成支援を行う。
・集落対策組織内の役員会議、そして総会で対策案について、会則、規約に基づいて例えば過半数の賛成が得られれば、集落組織での地域ぐるみの対策実施が可能となる。

◎ 集団心理を利用して集落全体を誘導する

　意見や考え方が多様な群衆をある方向に向けるには群衆の心理を利用すると効果的に誘導できる。その集団心理が「多数派（集団）同調性バイアス」（図 6-9）で、「自分以外に多くの人がいると、取りあえず周りに合わせようとする心理（集団でいると自分だけが他の人と違う行動をとりにくくなる状態）」をいう。

　例えば、大地震直後、「津波がくるぞ～」と言いながら逃げる住民がいた地域では、大多数の住民は危険を感知してつられて山側へ逃げる。一方、逃げる人が誰もいなければ、皆が逃げていないので集落全体が「大丈夫だろ」と思い込んで誰一人逃げない。この地域差は東日本大震災時で多く確認されている。また、電車などの車両中で白い煙が少し発生した時、だれか一人でも慌てて他の車両へ逃げれば、それにつられて全員が避難するが、一人も逃げようとしなければ、「これぐらいの煙は大したことはない」と思い込んで誰一人非難しない。このように多数派（集団）同調性バイアスとはとりあえず周りの人の行動に合わそうとする集団心理のことを指す。

　すなわち、地域ぐるみによる鳥獣害対策の方向へ持っていくためには、多数（地域ぐるみ対策賛成）派の中にいる地域ぐるみによる対策に熱意のある地域リーダー、陰のリーダーなどを含めた人の行動が地域にとってすごく役だって見えるように（津波事例でいう最初の逃げる役に）誘導すると、徐々に一部の駆除推進派もその流れに付いてくるという集団心理の多数派同調性バイアスをうまく利用する。

　このように多数派（集団）同調性バイアスによる合意形成手法とは、集落内全員の同意を得て合意形

> ◆ 多数派同調性バイアスとは、自分以外に大勢の人がいると、取りあえず周りに合わせようとする心理状態（集団でいると自分だけが他の人と違う行動をとりにくくなる）。

① 津波がくるぞ～逃げろ～！

② やばい、逃げなきゃ。

白煙が出だしたが、だれも逃げないので座っておこう。

> ◆ ①多数（賛成）派の行動が「地域の利益のための行動」と見えるように（指導しようとする方向へ）誘導する（誘導しようとする組織の特定者は熱意のあるリーダー、陰のリーダー等を充てる）。
> ◆ ②そうすれば少数（反対）派も流れて付いてくる。
> →その方向性を長年継続維持するためにはどのような手法が有効か？・・・次へ

図 6-9　人を動かすためのキーワード―多数派（集団）同調性バイアス

○第1段階（初対面）：ポイント丁寧なあいさつと自己紹介
　清潔感ある自己紹介から始め、相手に自分の立ち位置を理解してもらう。
○第2段階（〜数回目）：ポイント相手の状態に合わす・気難しさのバリアーを取り払う
　業務会話と雑談を交わすことによる心の探り合い（まだお互いに心が許せていない状態での会話）から始まるが、あえて、話の中で自分の欠点を出すと相手が心を許しやすくなる。
○第3段階（タイミングでの仕掛け）：ポイント気楽な言葉がけのトライ！
　一緒に汗をかいて現場指導をしているときが良好な人間関係になるチャンスである。通常の会話の中でさらなる良好な人間関係が望めそうなタイミングを計ってこちらから少し気楽な言葉で仕掛ける。
　→相手がすんなり受け止めているようであれば、以降気楽な言葉かけの頻度を高めていく。
　→相手に抵抗があるようであれば、もとの敬語での会話に戻す。
　→その繰り返し（相手を尊重する気持ちは常に持つこと）。
○第4段階（良好な人間関係構築後）：ポイント良好な人間関係から信頼関係の構築へ
　多項目の指導によって確実に成果を出す。
○第5段階（信頼関係構築後）：ポイント良好な関係を個人から集団へ波及させる
　A氏と信頼関係を形成することができれば、次は良好な関係を他の住民へ波及させる。指導者とA氏が良好な関係は、複数人で会話している時も醸し出すことができるので、A氏からその他の住民へ波及させやすくなる。

→集落全体と良好な人間関係・信頼関係が形成される！

図 6-10　良好な人間関係を形成させるための会話手法

成を得るということは不可能であるため、集落のリーダーなどを意識的に誘導して、多数派の賛同者を形成しつつ、段階的に合意の完成度を高めていくという群集心理をうまく利用した集団誘導方法である。

### (5) 良好な人間関係を保つための会話手法

集落の合意形成をえるためには、住民と良好な人間関係を築くことが重要である。その手法を下記にまとめる。

◆第1段階（初対面）：あいさつと自己紹介
　所属、名前、なぜあいさつにきたのかなど、A氏に清潔感ある自己紹介から始め、相手に自分の立ち位置を理解してもらうことが重要である。

◆第2段階（〜数回目）：良好な人間関係の構築（ステップ1）
　最初は業務会話と雑談を交わすことによる心の探り合い（まだお互いに心が許せていない状態での会話）から始まる。A氏との対面回数が増えるにしたがって、言葉のチャッチボールができように会話術を上達させる。そのためには、相手の話に合わすこと（相手の意見を聞く）・気難しさのバリアーを張らないこと（気楽に話しかけることができる雰囲気を醸し出す）が重要である。話の中でタイミングを図って少し自分の欠点について話すと相手が心を許しやすくなる。

◆第3段階（タイミングでの仕掛け）：良好な人間関係の構築（ステップ2）
　一緒に汗をかいたり、指導したことによって明らかな被害軽減効果があったときは、こちらからアプ

ローチしてさらなる良好な人間関係になるチャンスである。良好な人間関係が望めそうなタイミングを見て、言葉のキャッチボールがやりやすくなるように、年齢の上下関係なく通常の会話の中で、A氏に少し気楽な言葉で仕掛けてみる。A氏との信頼関係と深めて良好な人間関係を構築する。
　→相手がすんなり受け止めているようであれば、以降気楽な言葉かけの頻度を高めていく。
　→相手に抵抗があるようであれば、もとの敬語での会話に戻す。
　→その繰り返し（相手を尊重する気持ちは常に持つこと）。

◆第4段階（良好な人間関係構築後）：良好な人間関係から信頼関係の構築へ
　A氏と良好な人間関係が構築できれば、多項目の指導提案を行い、確実に成果を出して信頼関係を構築する。

◆第5段階（信頼関係構築後）：良好な関係・信頼関係を個人から集団へ波及
　A氏と信頼関係を形成することができれば、次は良好な関係を他の住民へ波及させる。指導者とA氏が良好な関係は、複数人で会話している時も醸し出すことができるので、A氏からその他の住民へ波及させやすくなる。
　→集落全体と良好な人間関係・信頼関係が形成される。

## （6）合意形成（集落誘導）手法　15のポイント

　指導者が、多数派（集団）同調性バイアスを利用して、地域ぐるみ対策へ集落全体を誘導するためには、指導者としての心得が必要になる。合意形成を経て集落全体を地域ぐるみ対策へ誘導するための15のポイントを下記に示す（それぞれの要点は図6-11参照）。

1. 個人でなく組織を意識して誘導すること。
2. リーダーをうまく捉えること。
3. 組織との会合は定期的に行うこと。
4. 組織連携で対応すること。
5. 集落全体の指導の場を持つこと。
6. 成功事例を持っておくこと。
7. 良好な人間関係を築き上げること。
8. 協同作業を行うこと。
9. 専門知識だけでなく幅広い知識を持つこと。
10. あえて自分の欠点を見せること。
11. こまめに集落に足を運ぶこと。
12. 聞き上手になること。
13. 急がないこと。
14. モチベーションを維持させること。
15. 最後に自分自身が精神的に健康であること。

第 6 章　地域づくりと地域ぐるみによる鳥獣害対策　53

**多数派同調性バイアスに誘導するためには？** どうしたら人が動くのか？

### 1. 個人ではなく組織を意識して誘導すること。

◆ 指導対象は個人から組織へと誘導すること。

◆ 打ち合わせは必ず現リーダー(役員)と含めて行うこと。

◆ 役員会を開き、そこで地域ぐるみによる対策の同意を得ておくこと。

→そこまでいくと総会で大多数の同意が得られやすい。

> 集落、組織の中はいろいろな考え方を持つ個人がいます。個々の人々すべては誘導できません。個人ではなく組織(集落)を一定の方向に誘導する戦略的意識を持って指導することが重要です。

### 2. リーダーをうまく捉えること。

◆ 地域のリーダーを見極めて重点的に指導し、リーダーを思う方向へ誘導すること。

◆ 役員と打ち合わせ会議を行うとき、集落の陰のリーダーも入ってもらうようにし向けること。

◆ 地域リーダーとは、きらくに声を掛けることができて、雑談ができる関係までもっていくこと。

> 意識的に多数派(集団)同調性バイアスを活用します。

### 3. 組織との会合は定期的に行うこと。

> 会合を定期的に行うことにより指導者と組織(集落)との関係を維持、持続させます。

### 4. 組織連携で対応すること。

◆ 組織連携体制のコーディネーターは状況に併せて、

- ● 農業振興を核とする場合は、普及指導機関
- ● 野生動物管理を核とする場合は、野生動物研究機関
- ● 住民の生活保護を核とする場合は、市町村役場担当課
- ● 広域連合組織を核とする場合は、地域協議会

がふさわしい。

◆ 指導者と地域との直結ではなく、地域の役場、猟友会、JA等関係機関と連携して指導するように心掛ける(役割分担をし、仲間意識を高める。役場は地域とのクッション役となる)。

> 組織連携対策は、集落全体が動かなければならない環境にもっていくことが重要です。そのためには、多くの関係機関が関与することによって、動かざるを得ないような状況にすることが重要です。→誘導しやすい。

図 6-11　合意形成の 15 のポイント (1～4)

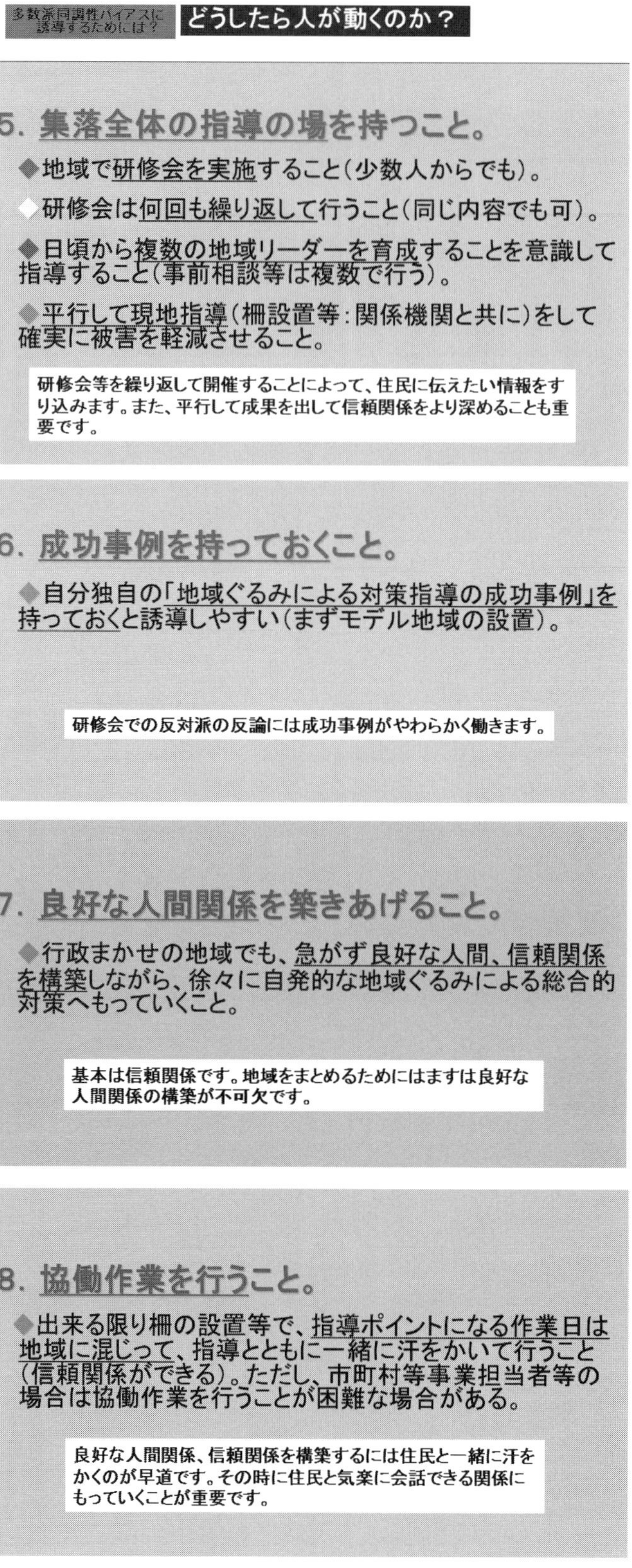

**多数派同調性バイアスに誘導するためには？** どうしたら人が動くのか？

## 5. 集落全体の指導の場を持つこと。

- ◆地域で研修会を実施すること（少数人からでも）。
- ◆研修会は何回も繰り返して行うこと（同じ内容でも可）。
- ◆日頃から複数の地域リーダーを育成することを意識して指導すること（事前相談等は複数で行う）。
- ◆平行して現地指導（柵設置等：関係機関と共に）をして確実に被害を軽減させること。

研修会等を繰り返して開催することによって、住民に伝えたい情報をすり込みます。また、平行して成果を出して信頼関係をより深めることも重要です。

## 6. 成功事例を持っておくこと。

- ◆自分独自の「地域ぐるみによる対策指導の成功事例」を持っておくと誘導しやすい（まずモデル地域の設置）。

研修会での反対派の反論には成功事例がやわらかく働きます。

## 7. 良好な人間関係を築きあげること。

- ◆行政まかせの地域でも、急がず良好な人間、信頼関係を構築しながら、徐々に自発的な地域ぐるみによる総合的対策へもっていくこと。

基本は信頼関係です。地域をまとめるためにはまずは良好な人間関係の構築が不可欠です。

## 8. 協働作業を行うこと。

- ◆出来る限り柵の設置等で、指導ポイントになる作業日は地域に混じって、指導とともに一緒に汗をかいて行うこと（信頼関係ができる）。ただし、市町村等事業担当者等の場合は協働作業を行うことが困難な場合がある。

良好な人間関係、信頼関係を構築するには住民と一緒に汗をかくのが早道です。その時に住民と気楽に会話できる関係にもっていくことが重要です。

図 6-11 合意形成の 15 のポイント（5～8）

## 9. 専門知識だけでなく幅広い知識を持つこと（豊富な人生経験をもっていると有利）。

- ◆鳥獣害対策にかかる最低限度の基礎知識と経験を持っておくこと（鳥獣害対策は1年で多く経験できる）。
- ◆鳥獣害対策の知識だけではなく、農業関係以外の指導者も必ず農業全般の知識を持つこと。
- ◆国や県の農業施策の動きをつかんでおくこと。
- ◆農業新聞の記事は毎日一通り目を通すこと。
- ◆その他雑学（話のタネ：共通話題）も身につける。

> 良好な人間関係を築くには、本論以外の雑談が有効です。そのためには、相手の話題に合わせる必要があり、幅広い知識が話しのタネになり、幅広い活動と人脈が自信につながります。

## 10. あえて自分の欠点を見せること。

- ◆優等生ぶるのではなく、雑談の中で相手にあえて自分の欠点をさらけ出すこと（警戒心がなくなる）。相手を否定しない。
- ◆敬語から普通言葉に変えるタイミングを図ること（相手が敬語でない場合）。信頼関係は言葉から。

> 人によっては最初から本題に入るのではなく、野球、サッカー等の本題とは関係ない話しかから始め、タイミングを見払って本題へ入っていくという技法も重要です。人は千差万別で、マニュアルだけではうまく動かず、今後は今回の研修の成果を基本としてそれぞれの人に応じたコーチングの方法を身につけてください。

> 雑談の中で、あえて自分の欠点をなんとなく見せることによって、相手に警戒心がなくなります。それによって以降の会話がスムーズに流れるようになります。

## 11. こまめに集落に足を運ぶこと。

- ◆定期的に現地に出向き、住民にこちらから声を掛けるように心掛け、その都度被害状況を聞き取ること。

> 間が空くと信頼関係がくずれるため、定期的に集落に足を運びます。顔をみせるだけでも効果的です。

## 12. 聞き上手になること。

- ◆相手のことを親身になって考えてあげること。地域リーダーを見つけ、苦労話をちゃんと聞いてあげること。「相づち」とうち、「うなずき」を行うことが重要である。

> 何事も周りの状況に応じてあせらず適時適切に指導することが、人を①動かす、②育てるための重要なポイントです。また個人と組織（グループ）に対するコーチング方法は異なるところがあります。例えば、相違点は、個人は普通に、組織はできるだけ大きな声で話すように心掛けてください。共通点は、相手の目を見て話し（団体でも）、そして相手の気持ちになって耳を傾けて聞いてあげることが重要です。

> 強引に誘導するのではなく、相手の悩みから解決策を見つけ、徐々に思う方向へ誘導します。

図6-11　合意形成の15のポイント（9〜12）

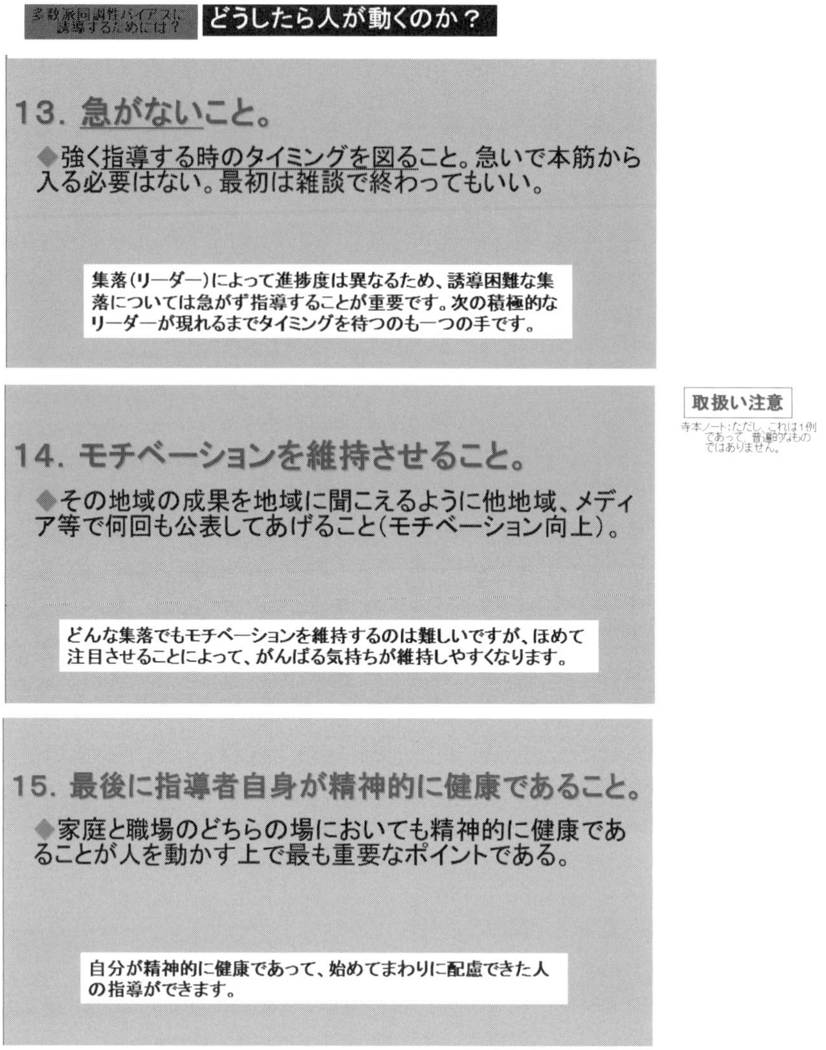

## 多数派同調性バイアス、誘導するためには？　どうしたら人が動くのか？

**13. 急がないこと。**
◆強く指導する時のタイミングを図ること。急いで本筋から入る必要はない。最初は雑談で終わってもいい。

集落（リーダー）によって進捗度は異なるため、誘導困難な集落については急がず指導することが重要です。次の積極的なリーダーが現れるまでタイミングを待つのも一つの手です。

**取扱い注意**
寺本ノート：ただし、これは1例であって、普遍的なものではありません。

**14. モチベーションを維持させること。**
◆その地域の成果を地域に聞こえるように他地域、メディア等で何回も公表してあげること（モチベーション向上）。

どんな集落でもモチベーションを維持するのは難しいですが、ほめて注目させることによって、がんばる気持ちが維持しやすくなります。

**15. 最後に指導者自身が精神的に健康であること。**
◆家庭と職場のどちらの場においても精神的に健康であることが人を動かす上で最も重要なポイントである。

自分が精神的に健康であって、始めてまわりに配慮できた人の指導ができます。

図 6-11　合意形成の 15 のポイント（13 ～ 15）

## ④ 組織誘導のワン・ツー・スリー

### （1）個人対策からより大きな組織対策へ誘導

図 6-12 に示すとおり、最初は個人対策から始まるが、指導者は徐々に個人による点的対策から地域ぐるみによる対策へ誘導する。個人 → 鳥獣害対策グループ → 農業組合 → 自治会 → 自治会＋地域外（NPO 法人、ボランティアなど）というように、できるところから組織化して段階的に対象組織を拡大する。自治会に集落外の PNO 法人やボランティアを対策の応援に組み入れることができれば、100 点満点である。対策祖域の大小には一長一短があって、規模拡大の方向とまとめやすさの方向は逆である。

集落に農業組織が存在しない場合は、指導者は個人指導から始め、次に関心のある住民に呼びかけて、研修会、集落環境診断（点検）等を開催して、鳥獣害対策（被害者）グループへ誘導する。さらに、

そのグループを徐々に拡大して、最終的に集落、地域ぐるみ対策へ誘導する。集落に農業組織が存在する場合は、集落組織の役員と普及指導機関等との対策検討から入る。被害発生初期では、被害意識は直接被害を受ける農家から発生するが、徐々に非農家を含めた自治会等への組織への対象を拡大することで、集落全体の合意形成が得られるように誘導する（図6-13）。

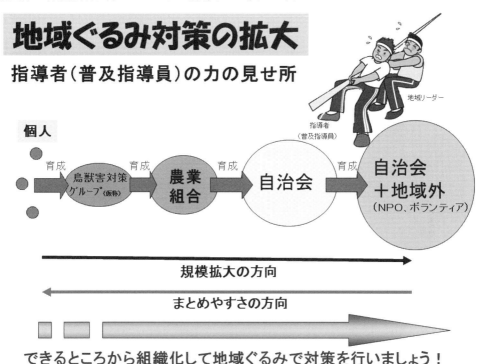

図 6-12 地域ぐるみ対策が成功する流れ
カバーのカラー図も参照。

1. 集落に農業組織が存在しない場合は、指導者は個人指導から始め、次に関心のある住民に呼びかけて、研修会、集落環境診断（点検）等を開催して、**鳥獣害対策（被害者）グループへ誘導**する。

2. さらに、そのグループを徐々に拡大して、最終的に**集落、地域ぐるみ対策へ誘導**する。集落に農業組織が存在する場合は、集落組織の役員と普及指導機関等との対策検討から入る。

3. 被害発生初期では、被害意識は直接被害を受ける農家から発生するが、徐々に非農家を含めた自治会等への組織への対象を拡大することで、**集落全体の合意形成**が得られるように誘導する。

図 6-13 地域ぐるみ対策への誘導手法

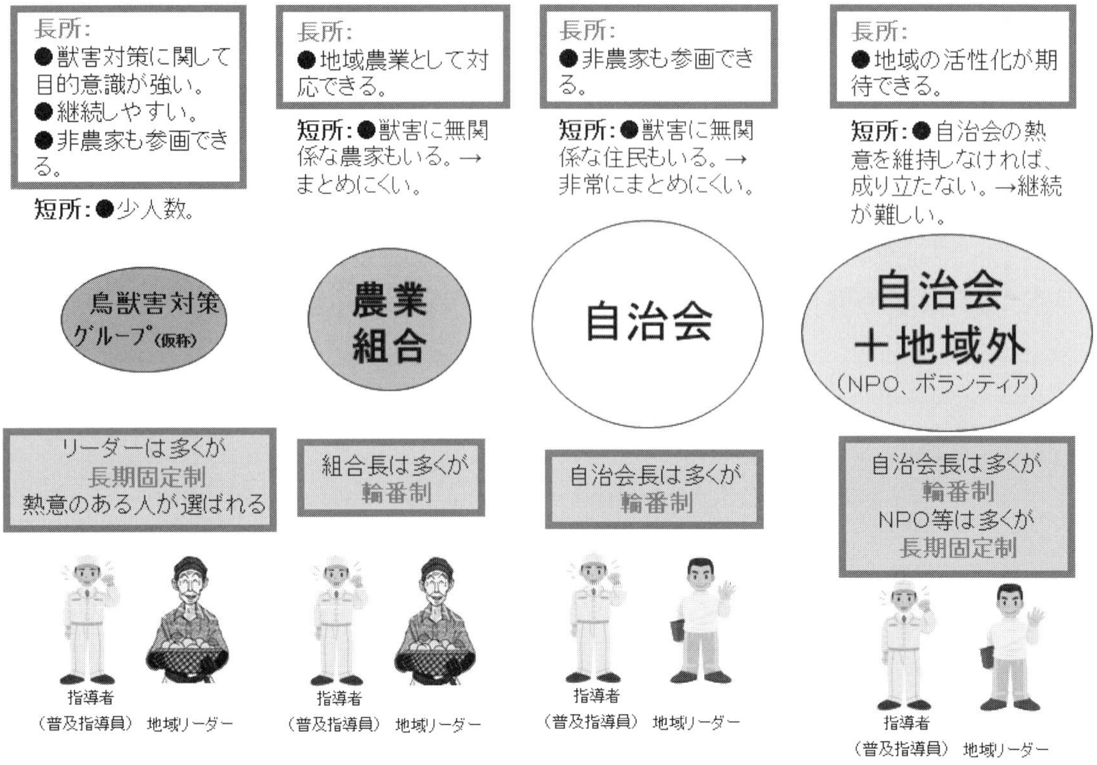


図 **6-14**　各種組織の長所と短所

## (2) 集落内既存組織の特徴

地域内には大小様々な既存組織などがある。それぞれの組織の特徴および長・短所を下記に説明する（図 6-14、表 6-1 も参照）。ここでいう「鳥獣害対策グループ」とは新規に育成される被害住民だけが参画する組織をいう。

鳥獣害対策グループ（新規育成）：①リーダー：長期固定制。必ず熱意のある人が選ばれる。②長所：

表 **6-1**　集落内組織の特徴

| | リーダーの選出方法 | | リーダーの継続性 | 組織規模（力） | 対策組織の継続性 | 目的意識の共通性 | 合意形成 | 非農家の参画 |
|---|---|---|---|---|---|---|---|---|
| | 輪番制 | 固定制 | | | | | | |
| 鳥獣害対策グループ | | ● | ◎ | × | ◎ | ◎ | ◎ | △ |
| 農業組合 | ● | | × | △ | ○ | ○ | ○ | × |
| 自治会 | ● | | × | ○ | △ | △ | △ | ○ |
| 自治会＋NPO・ボランティア | ●（自治会） | ●（NPO） | △ | ◎ | × | ○ | × | ◎ |

（↑まとめやすさの方向　↓規模拡大の方向）

グループ全員に共通した目的意識がある。継続しやすい。非農家も参画できる。③短所：少人数で組織力が小さい。

　農業組合：①リーダー：輪番制が多い。リーダーが熱意のある人が選ばれるとは限らない。②長所：地域農業の問題として対応できる。③短所：被害を受けていない農家が混在するので合意が得にくい。

　自治会：①リーダー：ほとんどが輪番制。必ず理解のある人が選ばれるとは限らない。②長所：大人数。非農家も参画できる。③短所：被害を受けていない住民が混在するので非常に合意形成がしにくい。

　自治会＋地域外（NPO法人・ボランティア）：①リーダー：自治会長はほとんどが輪番制であり、NPO法人・ボランティア団体はほとんどが長期固定制である。この連携体制で運営される場合には成功事例が多い。②長所：専門性の高い活動内容と併せて、地域の活性化も期待できる。③短所：自治会の熱意を維持しなければ合意形成も維持できない。

### (3) 地域ぐるみ対策のリーダー

　組織リーダーが輪番制の場合、熱意のあるリーダーのもとでは地域ぐるみによる対策が進展しやすいが、リーダーが熱意のない住民に交代すれば、モチベーションや活動レベルが縮小方向へ逆戻りする危険性がある（図6-15）。

　そのため、指導にあたっては、組織を2タイプに分けて集落の実態把握と方向性を定めて指導する必要がある（図6-16）。

　「組織リーダーが長期固定式の組織」の場合は、リーダーを中心に働きかけと指導をする。地域ぐるみによる対策が軌道に乗ってくれば、指導の手綱を徐々にゆるめ、最終的には自律自助による対策を目指していく（図6-16）。一方、「組織リーダーが輪番制の組織」では、図6-17, 6-18に示すとおり、指導当初から複数のリーダー育成に心掛けることが重要である。例えば、打ち合わせは現在の役員の他、その経験者を交えて、対策手法や知識も共有化できるように複数リーダーに指導する。複数のリーダー育

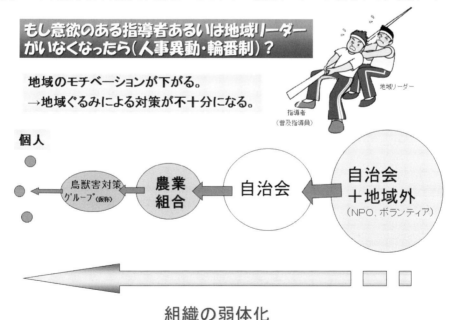

図6-15　リーダー交代によって、組織が弱体化することもある

図 6-16　最終的には独り立ちの方向に誘導する

成を意識して指導すれば、組織のモチベーションや活動のレベルを維持できる。

### (4) 持続的な対策に導くための複数リーダーの育成

鳥獣害対策は組織力に継続性がなければ持続的な被害軽減にはつながらない。いくら意欲のある指導員と熱意がある地域リーダーがいて、地域ぐるみによる対策が講じられていた集落でも、熱意のある指導員や意欲のある地域リーダーがいなくなると地域のモチベーションが下がり、地域ぐるみ対策が崩壊する場合が多い。ここでは、継続的な対策に導くための複数リーダーの育成手法について紹介する。

例えば、意欲のある普及指導員も必ず異動が伴う。また熱意のある地域リーダーも輪番制で交代する場合が多い。意欲のある指導員と熱意のある地域リーダーの交代があっても軌道に乗った地域ぐるみの対策を持続維持させるためには、職員異動またはリーダー交代を前提としたリーダーの育成を行う必要がある（図6-17）。

そのためには、所属長（例えば普及センター所長）は、仕事ができるからといって意欲のある指導員A氏一人にすべて任せるのではなく、指導員A氏も異動があることを前提として複数の熱意のある指導員B・Cも同時に育成する。一方、指導員A氏は自分が異動することを前提として、意欲のある地域リーダーAさんの他、Yさん・Zさんも複数人をリーダー育成するように心がける（図6-18）。

所属長が部下にこれらの意識づけを行えば、持続的な地域ぐるみの対策が可能となる。

### (5) 鳥獣害対策の実施手順

鳥獣害対策の実施手順は他の普及指導手法と同様に、SPDCAサイクルで実施する。
具体的な鳥獣害対策におけるSPDCAサイクルの手順（図6-19）を下記に紹介する。

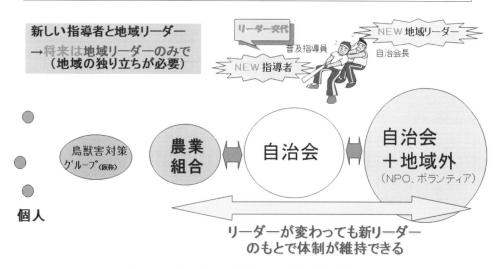

図 6-17　リーダーが交代しても維持される組織

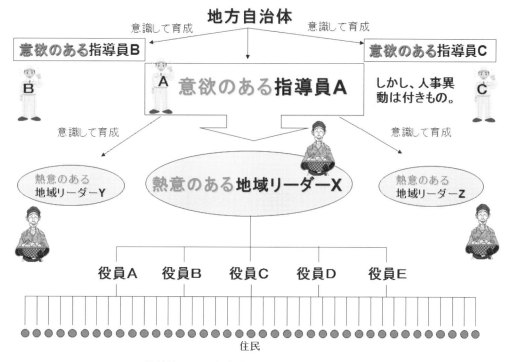

図 6-18　持続性がある地域グル対策のためのリーダー育成法

```
See 現状把握:(チームによる)課題(原因)調査
 ○ヒアリング、アンケートなどで被害状況の把握→普及支援が必要だと判断した場合は次の段階へ
 ○集落環境診断(点検)で課題の把握
Plan 普及計画の策定(生産団体への提案)
 ○支援対象:地域のリーダー的団体(地域モデルの育成→地域へ波及のため)
 ○背景・問題点→問題点を解決する(目標達成)ための適正なアプローチ手法→活動の実施へ
  (例)年次実施計画・単年度実施計画の作成)
Do 活動の実施
 ○コーディネート機能(地域ぐるみによる鳥獣害対策は本機能の発揮が重要)→プロジェクトチームの設立
 ○展示実証ほの設置(リーダー的農家のほ場→地域モデル→地域へ波及)
 ○リーダーへの働きかけ(地域への波及)
 ○農家自らが行動を起こす動機付け(「農家の動機づけを促し、自らが実践していくこと」を支援するのが普及)
  ・講習会・現地研修会の開催(動機づけ:住民の意識を変える)
  ・先進地研修(動機づけ)
  ・現地巡回指導(動機づけ)
 ○スペシャリスト機能(対策技術の指導)
 ○(新)技術指導(スペシャリスト機能:試験研究機関との連携)
 ○関係機関連携(役割分担の明確化)
  ・プロジェクトチーム(PT)等の設置(普及の働きかけによる:コーディネート機能)
  ・試験研究との連携(地域に応じた新技術改変、技術の組立て、新技術移転(→実証ほ)と残された問題点にも使用)
  ・調査研究(残された問題点にも活用)
Check 反省評価・計画評価 など
Act 反省を踏まえた以降の普及活動への行動
 ○次年度へ向けた普及活動
 ○成果を地域へ波及(点から面へ)
 ○残された問題点に関する調査研究活動または試験研究への技術的課題としての要請等
```

図 6-19 普及指導手法の基本手順= SPDCA サイクル

① See（調査）

【現状把握】 チームによる鳥獣被害地域の課題（原因）の調査を行う。ヒアリング、アンケート調査などで被害状況の把握を行い、指導支援が必要だと判断した場合は次の段階へ。

【集落環境診断（点検）】 課題の抽出を行う。集落・地域内において、集落環境診断（点検）を行って野生動物の被害に至った原因・課題を整理する（図 6-20）。

集落環境診断（点検）（図 6-21）とは、集落・農地周辺を専門家、関係機関や地域住民が数班に分かれて、農地、栽培品目、被害状況、耕作放棄地、獣道、野生動物の移動経路、足跡、ぬた場、掘り起こし箇所、獣道などの侵入経路、高木、竹藪・雑草地などの隠れ家・逃げ場、物理・電気柵の設置・不備状況、生ごみ・農作物残渣、放任果樹、家庭菜園、水稲ヒコバエなどのエサ場の状況や位置確認などを、野帳に記録したり、写真を撮影したりして、野生動物に関する集落内環境の診断（点検）を行い、各班の野生動物に対する弱点情報などに加えて被害防止対策の状況、捕獲檻の設置状況などを一枚の被害地図（マップ）（図 6-22）に落とし込み、マップをもとに、野生動物の被害に至った原因・課題を整理するまでの一連の作業をいう。

② Plan（計画作成）

次に、役割分担を明確にした（年次（複数年）・単年度（1年））対策実施計画（案）を作成し（図 6-23）、集落内で合意を得て、実施計画（カルテ）を確定させる（図 6-24）。

第6章 地域づくりと地域ぐるみによる鳥獣害対策　63

　集落環境点検（診断）とは、地域住民と専門家（普及指導員、研究員、市町職員、JA職員など）が集落内を巡回して環境診断（点検）を行い、集落内の被害状況、防護柵、放任果樹・家庭菜園等、雑草地管理等、足跡、糞、獣道、その他課題等を抽出し、連携・協力して総合的対策の実施計画を作成する手法です。

　実施計画書は、年次（複数年）計画、単年度計画とに分け、集落内で対策項目別に役割分担（農業組合、自治会、協議会など）を協議、決定します。作成後は実施計画に基づいて集落ぐるみで毎年計画的に実行していきます。

## S(See)・P(Plan)・D(Do)・C(Check)・A(Act)サイクルで！

S

被害状況、放任果樹、家庭菜園等

①集落内診断（点検）　　地図に点検情報を書き込む

P

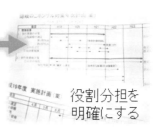

②点検地図づくり　　③要因・課題の抽出　解決策の検討　　④実施計画書作成（年次・単年度計画）　役割分担を明確にする

D

家畜放牧・管理　　緩衝帯の設置・管理　　柵の設置・管理

⑤実施計画を実践　　継続が重要！

C　⑥実施効果確認　→　A　⑦改善検討・再実施　→　⑧維持管理の仕組みづくり

図6-20　集落環境診断（点検）

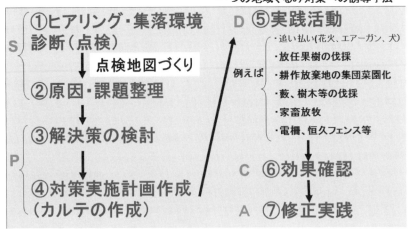

図 6-21　鳥獣害対策の実施手順

図 6-22　診断（点検）地図づくりの一例
集落環境診断（点検）による診断情報を 1 枚の地図に書き込む。

## 対策実施計画の策定

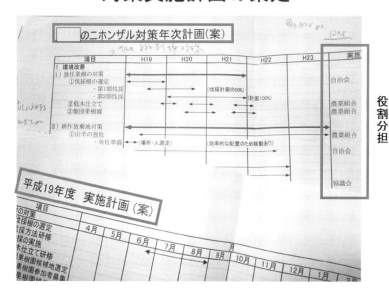

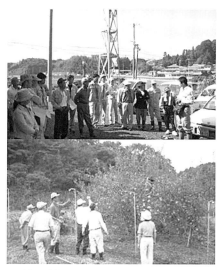

集落内診断（点検）

点検地図作り

原因・課題の抽出
解決策の検討

実施計画作成

図 6-23 対策実施計画の策定の流れ

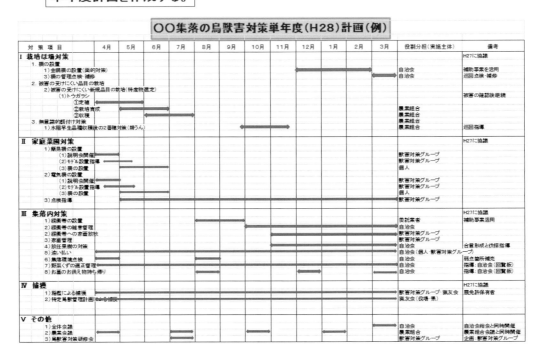

図 6-24　対策実施計画の策定の例

- ☑ ① 農家からのヒアリングと集落環境診断（点検）から課題（問題点）の整理ができる。
- ☑ ② 課題解決にあたって、対策組織体制の構築ができる（コーディネートできる）。
- ☑ ③ 役割分担を明確にした具体的な課題解決方法の決定ができる。
- ☑ ④ 役割分担を明確にした年次実施計画および単年度実施計画の立案ができる。

図 6-25　SP における鳥獣害対策指導の手順

　鳥獣害対策指導の年次実施計画・単年度実施計画を策定するまでは、被害集落住民からのヒアリングと集落環境診断（点検）から課題（問題点）を整理し、課題解決にあたり関係機関連携による総合的対策の実施推進を行うための対策組織体制の構築を行い、次にそれぞれの対策組織別に役割分担を明確にした具体的な課題解決方法の決定をし、最後に被害集落自らが役割分担を明確にした年次実施計画および単年度実施計画の立案ができる助言指導を行うという S（See）から P（Plan）までの段階的な一連の指導手順を踏むことが重要である（図 6-25）。

③ **Do**（実践）

　役割分担をして対策実施計画に即した地域ぐるみによる被害対策を実施する（図 6-26）。

④ **Check**（点検）

　年度途中で集落会議を開いて対策効果確認や単年度計画どおりに対策実行ができているかを協議し、

### 集落ぐるみ対策の具体的事例

- ✓組織的な追い払い
- ✓家畜放牧
- ✓防護柵の設置
- ✓不要果樹の伐採
- ✓大規模捕獲

◆集落環境点検は地域ぐるみ対策のスタートで最終ゴールではない！

◆地域ぐるみ対策の継続性が重要！

図 6-26　集落環境点検による実践事例

また巡回点検当番を決め、集落、農地周辺の対策を実施した箇所を定期的に不備箇所や異常がないか点検する。

⑤ Act（再活動）

対策効果がでていない項目は計画変更などを行い、巡回点検で判明した不備箇所は直ちに改善・修繕して継続実施する。

............................................................................................

集落環境診断（点検）はあくまでも対策の入り口（See）であり、対策がそこで留まらないことが重要である。その後、1年目はPDCAと移行する必要があるが、次年度以降も複数年計画に基づき計画的に実施する。しかし、維持管理や年次計画を実行させるためには指導機関は集落のリーダーである自治会長や農業組合長が輪番制の場合を想定した複数人の人材育成が必要である（図6-27）。

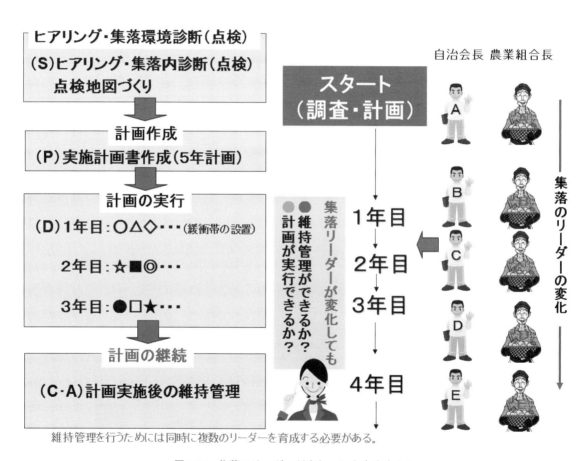

図6-27 集落のリーダーが変わっても大丈夫か？

# 7章  野生動物の性格と主要害獣の生態

## 1 野生動物の性格

野生動物は本来森で生息し、本質的に臆病な動物である。日頃は人を避けて行動し、森に食べ物があれば危険を冒してまで人が多い里に出没したくないのが本来の性格である（図7-1）。

### (1) 森と農地の境界線

そのような野生動物の本質的に臆病な性格を利用した緩衝地帯（バッファーゾーン）の設置が効果的である。昔の里山では、人々が暮らすために雑木林や農地周辺の雑草地を利用し、自ずと管理は適正に行われ、森と農地の境界線は明確であった。しかし、現在の多くの里山では、農地のすぐ横には、耕作放棄地や管理されていない雑草地、竹やぶ、雑木林、人工林が迫ってきており（図7-2）、農地と森との境界が明確でなくなってきている。

### (2) ゾーニング

森と農地との間に雑草地や高木などがあれば、いつ人が出てきても逃げ隠れすることができるため、野生動物は安心して前進し農地に到達で

**図7-1 野生動物は本質的には怖がり屋さん**
本来は森で生息する動物。室山原図を改変。

**図7-2 野生動物が侵入しやすい状態**
森と農地の境界線の状態に問題がある。

図7-3 怖がり屋の野生動物でもたどりつける農地

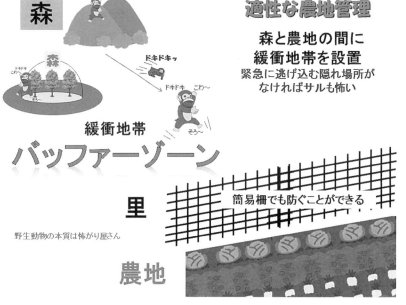

図7-4 野生動物が近づきにくい農地(緩衝地帯(バッファーゾーン)の存在)

きる(図7-3)。しかし、森と農地との間に逃げ隠れする場所がなければ、まだ人慣れが進んでいない野生動物の心理状態では簡単に農地まで到達できない(図7-4)。

　森と農地との間の雑草や竹やぶ、雑木林、人工林を伐採して見通しのよい帯状の空間(緩衝地帯(バッファーゾーン))を設置する対策をゾーニングという(図7-5)。すなわち、ゾーニングとは人が管理することによって、森と農地との帯状間の逃げ隠れする場所をなくすことによって農地を守る心理的対策である。また、ゾーニングをして逃げ場所をなくしてしまえば、サルなどの追い払い対策の効果も向上する(図7-6)。

　近年、中山間地の山際の農地で耕作放棄地が増加している。農地は耕作しないで放置すれば、すぐに

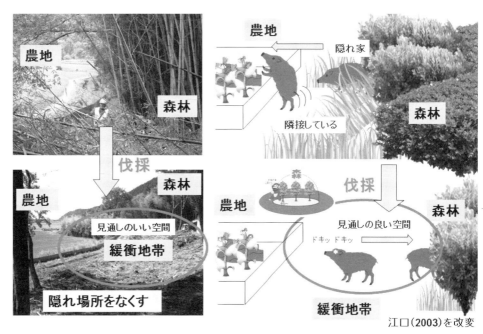

図 7-5　農地の環境を改変してゾーニングを行う
山林と農地との間に、緩衝地帯（バッファーゾーン）をつくる。

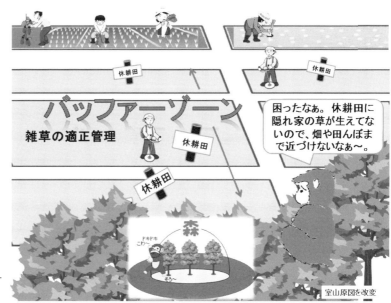

図 7-6　緩衝地帯（バッファーゾーン）の効果

荒れ果ててやがて雑草地と化し、しばらくする灌木も再生してくる。耕作放棄地での定期的な雑草管理を行えば、ゾーニング効果が発揮できるため、耕作放棄地に隣接する農地では野生動物による被害が軽減できるが、耕作を放棄した農地は雑草管理が不徹底になりがちである。そのため集落内で継続して管理する仕組みづくりの構築が重要である。

滋賀県農業試験場と滋賀県立大学との共同研究として、2004年度（平成16年度）から2006年度（平成18年度）に実施した全国でも初めてとなるイノシシにGPS発信機を装着したテレメトリー調査を実

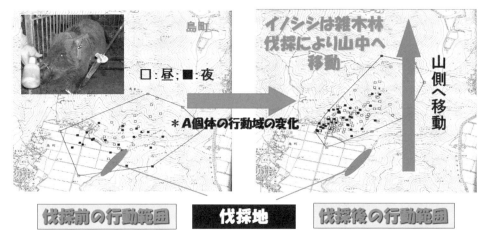

図 7-7 緩衝地帯（バッファーゾーン）設置によるイノシシの行動域の変化
滋賀県農業総合センター・滋賀県立大学共同研究 GPS テレメトリー調査：滋賀県立大学
農林水産研究高度化事業（2004 〜 2006 年）による。

施して、緩衝地帯（バッファーゾーン）設置によるイノシシの行動変化の調査を行った。図 7-7 が示すとおり、緩衝地帯設置前は農地と農地付近の山麓付近を生息域としていたイノシシの行動は緩衝地帯設置後に明らかに山中へ移動した。この成果は緩衝地帯設置によって野生動物の行動変化効果を、科学的に最初に明らかにした事例である。

## （3）家畜放牧ゾーニング

　森と農地との間に緩衝地帯（バッファーゾーン）を設置しても、しばらくすると灌木、竹や雑草が再生してくる。したがって、緩衝地帯の設置後も集落での定期的な雑草管理が必要となる。この雑草管理を家畜に代替わりさせる技術が「家畜放牧ゾーニング」である（図 7-8）。

　家畜放牧ゾーニング技術は滋賀県農業総合センターの農業試験場と畜産技術振興センターとが共同研究として 2001 年度（平成 13 年度）から実施し、家畜放牧が鳥獣被害軽減につながることを証明した初めての事例である。

　まず、ゾーニング後または山沿いの耕作放棄地などを牧柵や電牧柵で囲む。ウシなどの大型家畜を放牧する場合はさらに牧草種子などを放牧前に播種する場合もある。放牧する家畜は、ウシ、ヤギ、ヒツジなどが適しているが、ダチョウなどを放牧する場合もある。

　大型家畜放牧ではウシが代表的で、牛種は、上質の肉をつくるため運動を避ける肥育牛は適していないが、運動させてよい繁殖牛、繁殖牛のさかりを終えた廃牛、乳牛などが適している。放牧地では、水、塩、日よけ場所の小屋・木陰、ウシを固定する連動スタンチョンなどを設ける必要がある。放牧すると足腰が強くなり、ストレスもなくなるなど健康になるため、繁殖牛では良い仔牛が生まれ、さかりを終えた廃牛を放牧すると再びさかりがつく場合が多い。放牧には、周年放牧、期間限定放牧、時間限定放牧があり、適正放牧頭数は 1ha あたり 2 頭程度であるが、放牧型、緩衝地帯の草量によって異なる。ウシは 1 頭では落ち着かなくなって脱柵することがあるので、放牧は 2 頭以上とする。ウシの除草は草を舌で巻き取って食べる舌刈りであり、ややおおざっぱな除草となる。

　ヒツジ、ヤギなどの中型家畜放牧では、大型家畜のウシに比べると草の摂食量が少ないが、利点とし

図 7-8 緩衝地帯を利用した家畜放牧による獣害対策（家畜放牧ゾーニング）

て、小型で扱いやすい点が挙げられる。ヒツジは地上ぎりぎりの草をついばんで食べるので成長点の高い草種は絶え、淘汰されて成長点の低いシバ類のみが生き残るため、一面が芝で覆われたゴルフ場のような風景になる。写真でよくみるニュージーランドのヒツジの放牧地は美しい芝で覆われているが、芝刈り機でゴルフ場のような管理をしているのではく、ヒツジたちがそういう風景をつくっているのだ。また、ヤギはイネ科、や広葉などの草本性植物、そして木本性植物など食性の幅が広く、水分要求が少なく、傾斜地に強い、またサルが嫌うなどの利点がある。

家畜放牧ゾーニングを行えば、ゾーニング以上に獣害対策効果が向上する。その要因を下記に記す。

① ゾーニング効果（見通しのよい空間をつくる）
② 家畜導入による環境変化の効果（野生動物が今まで経験のない環境をつくる）
③ 人圧効果（農地周辺の人の活動が活発になる）

家畜放牧ゾーニングはこれら3効果により獣害対策効果が長く続くと考えている。緩衝地帯を設置または設定する「①ゾーニング効果」、そしてその中で家畜を放牧する「家畜導入効果」が発生する。当初、「家畜導入効果」の要因は「家畜による威嚇効果」と考えられていたが、野生動物に対する家畜による威嚇効果はないことが分かり、「環境変化の効果」があるとされている。ただし、環境変化の効果は長続きしない。音（爆音器など）、光（CDレコード、レーザー光線など）、匂い（オオカミやライオンの糞、燃やした人の髪の毛、コールタール塗布など）などの環境変化による対策が、一時的な効果しか発揮しないことと同様で、今までに見たこともない家畜が農地に登場することによる環境変化によってしばらくは警戒して近寄らないが、馴れれば効果が薄れる。では、家畜放牧ゾーニングがなぜ長期間の農地への侵入防止効果があるのだろうか？

3効果の中で、最も効果が高いと考えられるのは、「③人圧効果」である。山際の農地に家畜放牧を行うと、牧歌的な風景が景観保全につながり、今まで足を運ばなかったその農地周辺へ、集落関係者・関

係団体、さらに幼稚園保育園、小学校、観光客など多くの人が見学にくるようになる。すなわち、人影が少ない農地周辺に昔の里山と同様に人の賑わいが戻る。それが自ずと野生動物に対する人圧の増加につながるのだ。柵の定期的な巡回点検も、日ごろ人がいない農地や山麓の人圧を増加させる効果がある。

家畜放牧ゾーニングは、昔の人の賑わいがある里山状況に戻す一手法なのである。

## 2 主要害獣の生態

集落環境診断（点検）を行うには、主要な害獣の生態を知っておく必要があるので、野生動物全般とニホンジカ、イノシシおよびニホンザルの3種の生態を紹介する。

### (1) ニホンジカ（図7-9）

食性は食植性（雑草や木の葉、秋期はドングリなどの木の実）で、反芻胃を持つ。基本的にはイネ科など植物のみずみずしい幼草や若葉が好物であるが、食性には地域性がある。その他広葉の草原性植物や樹木の若葉を好むが、ある地域では硬くなった大豆などの葉や籾や莢まで食べるようになり、食べ物が少なくなる冬期では、栄養価が低い樹皮、毒も持つ馬酔木、トリカブトであっても食する。近年は森のササ類など多種多様な植物を食べつくし、森の植物相の多様性が著しく低下した。それに伴って多様な植物を利用する昆虫などの動物相の多様性も低下している。被害農作物は、水稲の被害が最も多く、特に田植え後からしばらくして分げつ生長した稲苗の若葉を好み、抽苔前の麦類、牧草類、大豆、小豆などの豆類、ハクサイ、ダイコン、ナバナなどの野菜類、クリなどの果樹、クワ、茶などの工芸作物が挙げられる。被害を受けにくい農作物として、サトイモ、シソ、ニガウリ、モロヘイヤ、キウイフルーツなどが挙げられる。

繁殖生態は、生まれた仔鹿は1年で成熟し、♂は♂グループへ移動する。繁殖期以外は、♂と♀は別の場所で群れをつくり、別々の場所で生活する。発情期は9〜11月の秋季で、♂は7・8歳程度の壮年

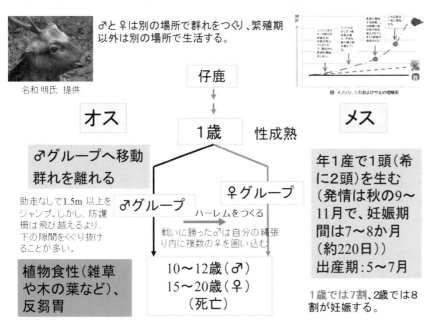

図7-9 ニホンジカの生態
右上のグラフ詳細は図7-12参照。

期になると「フィ〜ヨ〜」と発情声をあげて縄張りを主張するようになり、♂同士の戦いが始まる。体と角が大きい戦いに勝った♂は自分の縄張り内に複数の♀を囲い込み、ハーレムを形成する。♀は年1産で1頭（稀に2頭）を生む（妊娠期間は7〜8か月（約220日））が、1歳では7割、2歳では8割が妊娠する。出産期は春期〜初夏の5〜7月である。

　分布域は、日本全土の6割であるが、環境省の調査で1978年度（昭和53年度）から2014年度（平成26年度）までの36年間で、約2.5倍に拡大している。環境省の「全国のニホンジカ及びイノシシの個体数推定等の結果について（平成27年度）（お知らせ）」では、2013年（平成25年）末の推定生息頭数は中央値で約305万頭とされている。シカの足先の蹄は小さいため深い雪では動きがとれなくなり、厳冬期の吹雪や根雪は草食獣の体温を奪うため、長期の積雪地域では生息は困難である。

　寿命は、♂が10〜12歳、♀が15〜20歳である。

　その他の特徴は、角は♂にしかなく、毎年春になると抜け落ち、初夏に再び伸びてくる。通常、生後1年で1本。2年目で2又（先）、3年目で3又（先）になるが、角の成長は必ずしも年齢とは関係がなく、栄養状態で決まる。

## （2）イノシシ（図7-10）

　食性は、雑食性（植物、昆虫、ミミズなど）で、胃型は人と同じ単胃である。植物では、冬期はタケノコの根茎などを食し、春期はタケノコを好物とする。夏期は植物を主食とし、秋期はクズなどの根茎類やドングリなど木の実が主食である。動物では、カエルやヘビ、ミミズ、昆虫類を食べる。被害農作物は、水稲の被害が最も多く、サツマイモ、ジャガイモ、ヤマノイモなどのイモ類、大豆、小豆などの豆類、カボチャ、スイカなどの野菜類、ブドウ、クリなど果樹が挙げられる。被害を受けにくい農作物として、ゴボウ、シソ、白ネギ、ニンニク、ハクサイ、オクラなどが挙げられる。

　生態は、♂は単独で行動するが、♀はひと腹の子と共に暮らし、定住性が高く、人などに追われるか、雪害などの理由がない限り遠距離移動はしなく、通常の行動域は2〜5kmと広くない（図7-11）。昔か

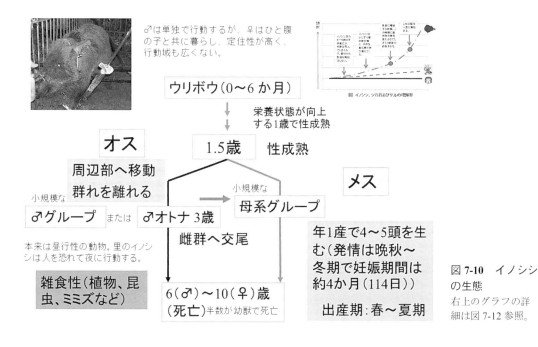

図7-10　イノシシの生態
右上のグラフの詳細は図7-12参照。

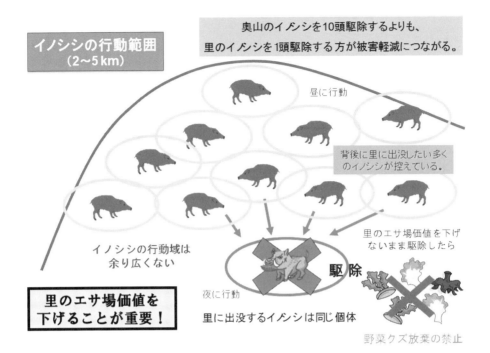

図 7-11　イノシシの行動範囲

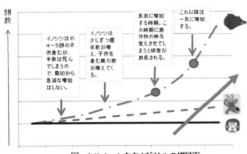

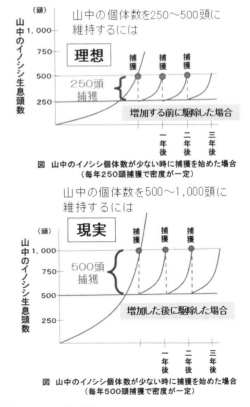

図 7-12　イノシシの繁殖力をふまえた駆除

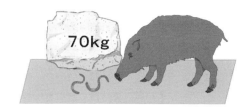

図 7-13　イノシシの視力と力

ら「奥山のイノシシを 10 頭駆除するよりも里のイノシシを 1 頭駆除するほうが被害軽減につながる」といわれるように、里に出没するイノシシは里近くに生息する個体に限定されており、本来は昼行性の動物だが、里のイノシシは人を恐れて夜に行動する場合が多い。

　繁殖は、年 1 産で 4 ～ 5 頭を生み（発情は晩秋～冬期で妊娠期間は約 4 か月（114 日））、イノシシの増殖率はニホンジカ、ニホンザルよりも高く、ある時期から急に増加する。イノシシは山にいる半数以上の個体を毎年駆除しなければ個体数は増加するといわれている。そのため増殖して密度が高くなる前に捕獲を実施すると、そのあとの捕獲労力が大幅に軽減できる。出産期は原則として 4 ～ 6 月の春～初夏期であるが、遅れてその他の秋期など時期に出産する場合がある。生まれたウリボウは兄弟姉妹とともに小規模な母系グループの群れの中で行動を共にし、栄養状態が向上する 1.5 歳程度で性成熟して♂は群れを離れ周辺部へ移動する。発情期は 12 ～ 2 月の冬期で、妊娠期は 4 か月である。

　イノシシは力が強く、頭部で 70kg の岩を押しのける身体能力がある。また、人の 0.1 程度の視力を持ち、100m 先の人の確認ができる。色は青色、青緑色、茶色は判別できるが、赤色と緑色は判別できない（図 7-13）。上述したようなイノシシなど具体的な運動能力や習性については江口（2003）などの報告がある。

　イノシシの分布域は、北海道、東北を除いて西日本を中心に 5 割を超え、環境省の調査では 1978 年度（昭和 53 年度）から 2014 年度（平成 26 年度）までの 36 年間で、約 1.7 倍に拡大している。環境省の「全国のニホンジカ及びイノシシの個体数推定等の結果について（平成 27 年度）（お知らせ）」では、2013 年（平成 25 年）末の推定生息頭数は中央値で約 98 万頭とされている。

　寿命は、♂は 6 歳、♀は 10 歳であるが、半数が幼獣（ウリボウ（0 ～ 6 か月））で死亡する。

### (3) ニホンザル（図 7-14）

　食性は、植食性傾向が強い雑食性で、樹木のドングリなどの木の実、植物の葉、芽、草、花、種子を食べるが、その他キノコ類や昆虫類などの動物も食べる。農作物の食べ方は、カキの実などはひとかぶりして投げ捨てるような手あたり次第に食べたり、イモ類は地上部も茎をもって手あたり次第に引き抜いてイモを探したり、ダイコンは青い肩部だけをかじったりする独特な採食の仕方をする。胃型はぼくたち人と同じ単胃である。被害農作物は、最も多いのはカキ、ナシ、ブドウ、モモ、クリ、リンゴ、ビワ、ミカンなどの果樹、サツマイモ、ジャガイモなどのイモ類、スイカ、ダイコン、トウモロコシなどの野菜類、水稲、麦類、その他のクワ、シイタケ、タケノコなどが挙げられる。滋賀県では野外で放飼

育されている大型絹糸虫の天蚕（ヤママユ）の幼虫や蛹も食害されて、全滅したこともある。被害を受けにくい農作物として、タカノツメ、コンニャク、クワイ、ピーマン、サトイモ、ショウガ、シュンギク、ミント、バジルが挙げられる。被害を受けにくい作物選定調査は、滋賀県農業試験場が京都大学霊長類研究所の飼育ザルで実施された（滋賀県農業総合センター農業試験場湖北分場, 2003）。

　生態は昼行性で、群れは10数頭から100頭までの♀とコドモの母系集団を基本とし、100頭を超えると群れが分裂する場合が多いが、近年は滋賀県の甲賀A群のように里に棲みつき里を利用するようになったエサ場状態の良い群れではまれに250頭を超える大型の群れも存在するようになり、200頭を超える群れも増えてきた。他獣種と比べて知能は高く、捕獲檻で捕獲した個体に爆竹など大きな音を聞かせて脅し懲らしめ、罰を与えて放獣する学習能力の高さを利用したリアビリ法がある。

　生まれたアカンボウは1歳でコドモになり、およそ4歳で若いオトナになるが、コドモ♂は3～8歳でハナレザルとなって周辺部へ移動して群れを離れ、別群れに接近、加入したり、離脱したりを繰り返す。コドモ♀は5～7歳で性成熟し、繁殖は、発情は秋期から冬期で、2～3年に1回に出産（栄養状態が向上すると出産率が向上）妊娠期間は5～6か月（170～180日）である。出産期は3月下旬から7月上旬である。

　以前は野生のニホンザルの群れでもボスザルがいるとされていたが、最近の研究では自然下のサル群れにはボスザルの存在は認められず、群れは「仲間意識」によって支えられた集団であるとされている。動物園、野猿公園などで人により餌付けされた群れでボスザルが発生する。これは、研究者が餌付けされたサルの群れで調査してボスザルの存在を確認したためで、この情報が波及して餌付けされていない野生の群れでもボスザルがいると長年勘違いされてきたためである。

　寿命は、野生では20～25歳である。ニホンザルが里へ進出してきたのは1980年代からの40年ほど前からで、原因については経済成長による人の生活様式の変化から人とニホンザルの接し方が変化したためである。

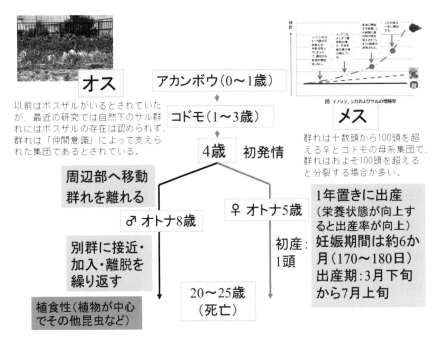

図7-14　ニホンザルの生態
右上のグラフの詳細は図7-12参照。

# 8章 集落環境診断（点検）箇所の事例

## ① 防護柵の診断（点検）

集落内の既設防護柵を点検して、不備・破損個所を被害マップ（点検地図）に落とし込む。

### （1）物理柵

 裾の点検

　物理柵の裾と地面との間に隙間がないか、しっかりと地面に固定されているかを診断（点検）する。

　シカは跳躍力がありジャンプして柵を乗り越えるイメージがあるが、人がいないところではシカ、イノシシなどの野生動物は、ほとんどの個体がまずは柵・ネット下から侵入しようとする習性がある（図8-1、8-2）。これは緊急避難以外は着地時の骨折などのリスクを低減するためにジャンプは避ける傾向があるためである。したがって、野生動物の侵入を防止するためには物理柵の裾は地面としっかり固定させる必要がある。

　また、イノシシは柵と地面との隙間が20cmあれば侵入できるので、側溝などの上の設置では、側溝内にも隙間をなくす補助柵が必要である。さらに柵に使用するワイヤーメッシュ（溶接金網）の網目は15cm、10cmなどのサイズがあるが、15cm目はウリボウなど幼獣が通る可能性があるので、10cm目のほうが侵入防止効果が高い。

図 8-1　ネット（左）と針金柵（右）のくぐり抜けをチェックする

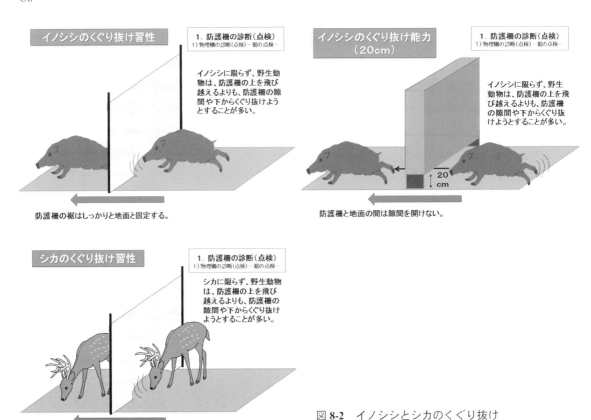

図 8-2　イノシシとシカのくぐり抜けとその対策

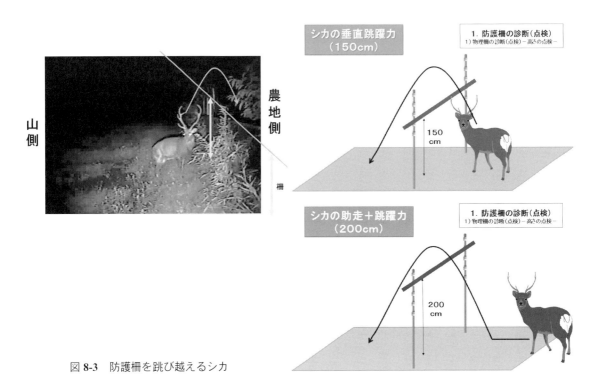

図 8-3　防護柵を跳び越えるシカ

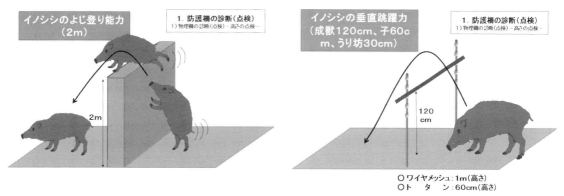

図 8-4　イノシシのよじ登り能力と跳躍力

図 8-5　柵周辺をチェックする

◎ 高さの診断（点検）

　出没獣種に対する物理柵の高さが適正であるかを診断（点検）する。

　シカの垂直跳躍力は150cm程度、助走をつけると2m程度である（図8-3）。ホームセンターで販売されているワイヤーメッシュ（2×1m）は横置きにすると柵としての設置地上高が1mなので軽く跳び越えられる。

　イノシシの跳躍力は、成獣で1.2m程度、子が0.6m程度、ウリボウが0.3m程度である。また、イノシシのよじ登ることができる高さは2m程度である（図8-4）。柵の高さはワイヤーメッシュが1m、トタンが0.6mであるので、出没が多い獣道出入口付近では乗り越え、よじ登れないように柵を高く補強する必要がある。

◎ 柵周辺の診断（点検）

　柵周辺において雑草が繁茂すると（図8-5左）、そこが隠れ家になったり、柵裾が破壊されても柵の破損個所の診断（点検）ができない。一か所の柵破損個所から多くの害獣に侵入されるため、定期的に除草作業を行う必要がある。また、物理柵付近に倒木などが発生していないか診断（点検）する。台風などの強風時に倒木が発生する場合（図8-5右）があるので物理柵周辺を定期的に診断（点検）し、不備箇所は直ちに修繕する。

図 8-6 ネットや弾性ポールの破損をチェックする
右は、おうみ猿落・猪ドメ君「サーカステント」の場合。図 8-7 のイラストも参照。

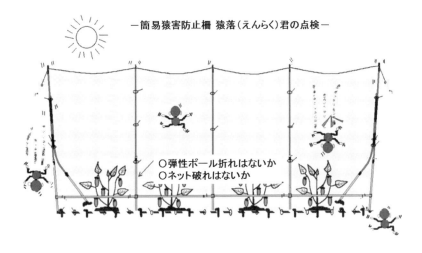

図 8-7 弾性ポール・ネットの点検

◎ ネット柵の噛みちぎりなどの診断（点検）

　ネット柵の不備・異常個所を診断（点検）する（図 8-6）。

　安価で簡易に設置できるネット柵は、耐久年数が短く、素材が弱いので、噛みちぎりやシカ角による破れやネット裾と地面との固定不備・破損個所を頻繁に点検し、不備が見つかれば直ちに修繕する必要がある。また、農業パイプ、竹などによるネット裾の固定状況やネット上部のたるみなどがないかの点検も同時に行う。

　里のエサ場価値を下げるための家庭菜園など小規模サル対策に適した井上（2002）の簡易猿害防止柵の猿落君や寺本（2005）のおうみ猿落・猪ドメ君「サーカステント」などの簡易ネット柵では、弾性ポール折れやネット破れなどを点検して（図 8-6 右、8-7）、その都度に補強・修繕する。特に侵入されやい柵のコーナー（囲いの場合は四隅）からの不具合を点検する。

(2) 電気柵

　電放器は万一人が触れても手が離せるよう、数千ボルト（5,000〜10,000V）の微電流が 1 秒間に 1 回程度、瞬間的に流れるように設定されている。週に 1 回程度、定期的にテスターを用いて漏電の電圧点検を行い、電圧が 5,000 V 以下になっていたら漏電個所を探して診断（点検）と補修を行う。

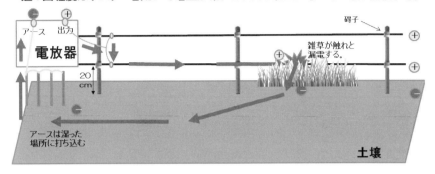

図 8-8　電気柵周辺の雑草管理

図 8-9　電気柵への雑草や作物の影響をチェックする

◎ 雑草による漏電の診断（点検）

　電気柵の設置面付近の雑草の発生状態を点検する（図 8-8）。

　通常の電気柵の電気線は＋（プラス）で、地面が－（マイナス）である。伸びた雑草が電気線に触れると電流回路ができて漏電するので、定期的な除草作業が必要である。イノシシ用電気柵では下線が地面から 20cm であるので、雑草が下線に触れないように頻繁に除草を行う必要がある。

　また、下が針金柵で上が電気柵の場合は雑草による漏電は少ないが、つる性雑草の電線の接触には注意を要する（図 8-9）。

◎ 碍子の向きの診断（点検）

　野生動物のポールへの体当たりや押し倒しを避けるため、野生動物がポール上の電気線に常に触れさせるように、電気線をポールに固定する碍子は山側、ポールは農地側に設置しなければならない。設置時の間違いで、碍子が逆向きに設置していないかを診断（点検）する（図 8-10）。

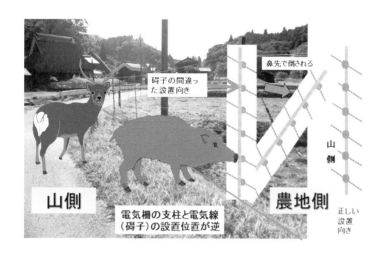

図8-10 支柱と碍子位置が、設置時に向きが逆になっていないか？

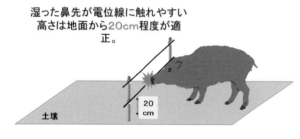
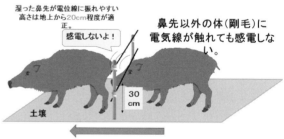

図8-11 電気柵へのイノシシの接触

◎ 電気線の設置位置の診断（点検）

電気柵は、野生動物の接触によって電放器 → 電線（プラス）→ 野生動物（体内）→ 土壌（マイナス）→ アース → 電放器と電流回路ができて初めて感電するため、湿り気ある毛が生えていない鼻先などの感電しやすい個所に接触するように電気線の位置を診断（点検）する。イノシシの鼻先は地上から20cmの位置が最も接触しやすい（図8-11）。例えば地上から30cmに設置すると鼻先が接触せず、頭部などの体毛がある頭に接触するので感電せず、そのまま電気柵を突破される。

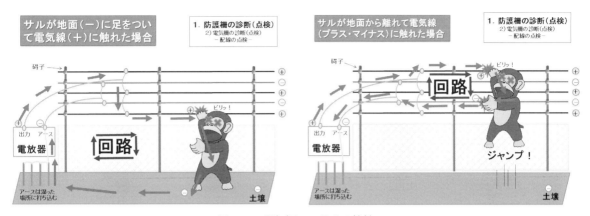

図 8-12　電気柵へのサルの接触

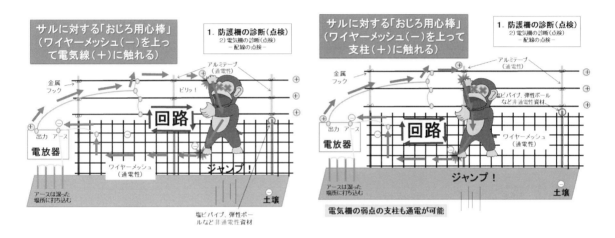

図 8-13　電気柵へのサルの接触（簡易電気柵「おじろ用心棒」の場合）

◎ サルに対する電気柵配線の診断（点検）

　手足を器用に使って柵をよじ登ることができるサルの場合は、電流回路ができるように防護柵の電気線の配線を診断（点検）する必要がある。

　下部がネットなどの非通電性物理柵の場合は、サルは地面から離れた場合に電流回路をつくるには電気線はプラスとマイナスの両方の線が必要である。

　下部が針金柵、ワイヤーメッシュ柵などの通電性物理柵の場合は、足場になる通電性物理柵がマイナスになるため、物理柵より上方に手が触れる位置に3本程度のプラス線を張るだけでよい（図8-12）。

　簡易電気柵「おじろ用心棒」は、下部がアースを設置した通電性のワイヤーメッシュ柵と上部が電気柵とを組み合わた防護柵である。本柵は通常の電気柵の欠点であった通電しない支柱を、通電するように工夫されている。支柱素材を非通電性の塩化ビニルパイプまたは弾性ポールにして、ワイヤーメッシュと触れない支柱上部全体にアルミテープを貼ることにより、非通電性の支柱上部だけを通電性にする。この支柱の工夫により、サルが地面から離れてよじ登るときに、手が電気線だけでなく、支柱を握っても感電するように改良されている（図8-13）。

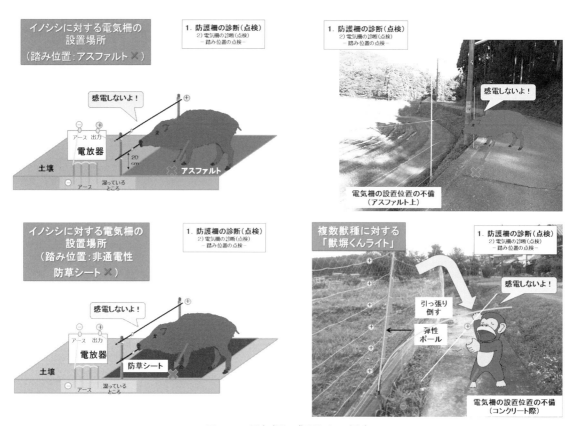

図 8-14　電気柵に感電しない場合

◎ 踏み位置素材の診断（点検）

電気柵の場合は野生動物の体内を通した電流回路（電牧器 → 電線 → 野生動物 → 踏込位置 → 土壌 → アース → 電牧器）ができないと感電しない。野生動物の踏み位置が、通電性がないアスファルト・コンクリートや非通電性の防草シートの場合は、電気線に鼻先が触れてもアスファルトなどで遮断されて電流回路ができなく感電しないので、踏み位置の素材が通電するかどうか、適正であるかを診断（点検）する（図 8-14）。

電気柵はできるだけ、通電性が低いアスファルトやコンクリートが踏み位置にならないように設置する。そのような設置が困難な場合は、通電しないアスファルトやコンクリート上の踏み位置に通電性資材（地面アースを付けたトタンなど）を敷く（図 8-15 左）。防草シートを設置したい場合は、通電性の

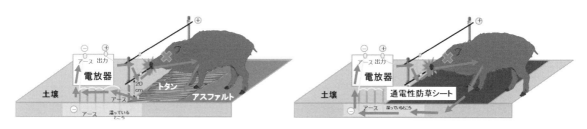

図 8-15　イノシシに対する電気柵の設置場所（踏み位置の素材の診断）
左：踏み位置がアスファルト＋トタンの場合。右：踏み位置が通電性防草シートの場合。

図 8-16 柵の近くに電線・高木があると、そこからサルが侵入する

防草シートを設置する（図 8-15 右）。

◎ サルに対する柵の設置位置の診断（点検）

　手足を器用に使って木や柵を登ることができるサルの場合、飛び込みの可能性がある周辺環境を調査する必要がある。設置された防護柵近辺の電線や高木の枝からの侵入（図 8-16）が可能な個所の診断（点検）を行い、被害マップに落とし込む。飛び込みの可能性がある場合は防護柵の立地条件に合わせて侵入防止対策を検討する。

### ② 用・排水路穴の診断（点検）

　野生動物の集落への侵入経路の盲点である排水水路や用水路穴（図 8-17）から侵入の可能性について診断（点検）し、不備箇所を被害マップに落とし込み、網柵の設置など計画的に補修を行う。設置後は、網柵にゴミがたまらないかについて定期的に見回り点検を実施する必要がある。

図 8-17　用・排水路は侵入ルート

### ③ 門扉、側溝などの診断（点検）

　野生動物の運動能力などの生態を熟知して、野生動物の潜り抜けの可能性がある門扉、柵、側溝（図 8-18）などの隙間個所の診断（点検）を行い、不備箇所を被害マップに落とし込み、計画的に補修を行う。特に、側溝上の柵設置部やワイヤーメッシュ柵端の重複部と地上部とに隙間がないかのチェックを重点的に行う。

図 8-18　門扉・側溝も侵入ルート

### ④ 門扉開閉管理の診断（点検）

集落住民の油断（これくらいは大丈夫）がないように、農作業時などに門扉が開けっ放しになっていないか診断（点検）し、開けっ放し（図 8-19）になっていたら、当事者への指導を徹底する。

いったん野生動物に侵入されると、閉門することで野生動物が森に帰ることができずに、農地にとどまることになり、被害が甚大となる。

図 8-19　門扉開閉管理をチェックする

### ⑤ 河川敷など侵入経路の診断（点検）

野生動物の森から集落への長距離移動経路は、人がいなく短時間で移動できる河川敷（図 8-20）が多いので、河川敷からの侵入経路の診断（点検）を行い、獣道を調査して侵入経路を地図に落とし込む。侵入経路出入口を中心に河川沿いに防護柵の設置検討を行う。

図 8-20　河川敷からの侵入をチェックする

### ⑥ 獣道の診断（点検）

野生動物は森から決められたルートを通って集落に下りてくるので、集落と面した山麓での集落への野生動物の侵入経路を明らかにするため、何回も踏み込んで草が生えていない獣道の位置（図 8-21）の点検を行い、被害マップに落とし込む。獣道周辺について、新たに防護柵を設置するか、既設防護柵の補強を行う。

図 8-21　森からの侵入をチェックする

図 8-22　集落内の獣跡（掘り返し、泥の付着）をチェックする

8 章　集落環境診断（点検）箇所の事例　89

シカによる大豆の被害

イノシシによるイネの被害

イノシシによる大豆の被害

図 8-23　集落内の被害作物をチェックする

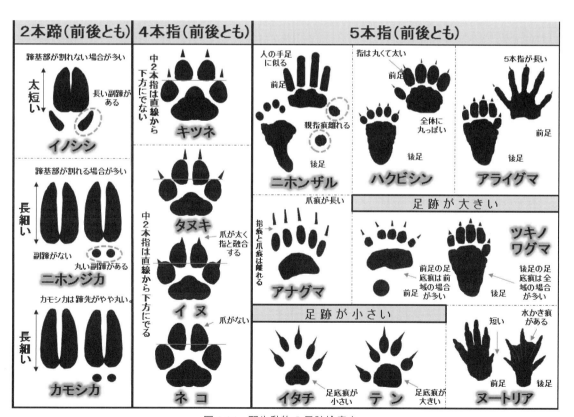

図 8-24　野生動物の足跡検索キー
カバーのカラー図も参照。

図 8-25　糞がないかチェックする

##  その他侵入経路の診断（点検）

　野生動物の集落への侵入経路や侵入跡確認を行うため、集落周辺の雑木林、河川敷、雑草地、畦畔、水田、畑地などでの掘り返し（図 8-22 左）・ぬた場・食害箇所（図 8-23）や泥の付着箇所（図 8-22 右）などの診断（点検）を行い、被害マップに落とし込む。

## 8　被害農地の診断（点検）

◎ 被害作物と加害獣種の診断（点検）

　集落内の農地を巡回して、作物の生育状況とともに野生動物による被害作物が発生していないかを確認（診断）する。加害獣種によって対策方法が異なるため被害発生圃場では足跡（図 8-24）や糞（図 8-25）によって加害動物を同定し、獣道や足跡などから森から農地への侵入経路とともに、被害ほ場ごとに被害マップに落とし込む。

##  集落内のエサ場の診断（点検）

### （1）放任果樹の診断（点検）

　集落内の放任果樹（図 8-26）は集落のエサ場価値を上げる最も重要な要因である。集落内にあるカキなどの持ち主が不明もしくは利用していない放任果樹の位置、本数などを診断（点検）し、被害マップに落とし込み、伐採や低木仕立て直し、一斉収穫などの検討を行う。伐採などには地主の同意が必要なので、自治会として対応する。

### （2）農作物残渣放棄の診断（点検）

　山沿いの昔ながらの集落では、生ごみなどは土に戻すという習慣が根強くある。放棄された生ごみ（図

図 8-26　放任果樹を狙うサル（右上の○）
地表にはカキの実が一面に広がっている。

図 8-27　放置された野菜クズがエサ場になる

図 8-28　無防備な家庭菜園の被害　　　　　図 8-29　水稲のヒコバエ

8-27）などは餌付け意識がなくても野生動物に対する農作物の無意識的餌付け（農作物を食べる習慣）につながる。集落内の生ごみ、野菜くず、農作物残渣、家庭菜園残渣など放棄箇所と位置の診断（点検）を行い、被害マップに落とし込み、集落内で網フタなどで集中管理できる生ごみなどの共同集積場所設置などの検討を行う。

◎ 無防備な家庭菜園の診断（点検）

　家庭菜園は非農家の自家消費農園も含めて集落内によく散見される。趣味で行っている場合が多いので無防備農園の場合が多く、無防備な家庭菜園（図 8-28）は集落のエサ場価値を上げる要因となっている。集落内の被害対策を行っていない家庭菜園の箇所の確認（点検）を行い、被害マップに落とし込み、防護対策指導の検討を行う。

◎ 水稲収穫後のヒコバエ発生状況の診断（点検）

　水稲栽培時期は加害されないように防護柵などで守る農家意識があるが、収穫後は管理しなくなる場合がほとんどである。特に極早生・早生品種の収穫後にはヒコバエ（2番穂）が発生して再び稲穂が稔る（図 8-29）。人はこの稲穂を食べないが、野生動物とっては絶好のエサになる。集落内の水稲収穫後水田のヒコバエの発生状況を診断（点検）し、被害マップに落とし込み、ヒコバエの発生を確認したら秋起こしなどのすきこみ指導を行う。

図 8-30　放棄竹林

図 8-31　耕作意欲のない農地

◎ 竹林の診断（点検）

　竹林は竹材やタケノコとして利用するために集落の裏山に人工的に植えられ、集落で適正に管理されてきた。しかし、現在は利用度が低下して、放置竹林（図8-30）がほとんどである。タケノコは野生動物が好む食べ物であり、集落のエサ場価値を上げる。また、放置竹林は野生動物の隠れ場所になっている。集落内の管理されていない竹林箇所を診断（点検）し、被害マップに落とし込み、隠れ家やエサ場（タケノコ）にならないように適正管理を検討する。

◎ 耕作意欲がない農地の診断（点検）

　水田の転作品目作物の麦類などの作付け農地で助成金目当ての作付け栽培が時々見受けられる。麦類などの作物は本来の穀物価格は非常に低く、農家の収益の大半は国などの助成金により賄われている。麦類などの栽培は少しぐらい鳥獣害による減収があっても助成金収益があるため、水稲などの作物と比べて耕作意欲が低下し、本来は守るべき農地が集落内の鳥獣の広大なエサ場になっている場合がある（図8-31）。集落内の管理されていない農地を診断（点検）し、被害マップに落とし込み、隠れ家やエサ場にならないように適正管理を検討する。

## ⟨10⟩ 雑草地の診断（点検）

　集落内には管理されていない耕作放棄地、空き地などの雑草地が多い。雑草地（図8-32）はエサ場になったり、隠れ家や繁殖地になったりする。集落内・農地・耕作放棄地などで雑草地箇所を診断（点検）し、被害マップに落とし込み、エサ場や隠れ家にならないように適正管理をする。

## ⟨11⟩ 緩衝地帯（バッファーゾーン）の診断（点検）

　地域ぐるみ対策が進んでいる集落では、補助事業などを利用して農地と森の間に緩衝地帯（バッファーゾーン）を設置している地域がある（図8-33）。緩衝地帯設置には大規模な伐採が伴うため、業者委託による設置の場合が多い。しかし、伐採後は雑草や竹林、樹木、灌木が再生するため、集落による維持管理が必要になる。既存設置の緩衝地帯の雑草状況を診断（点検）し、エサ場や隠れ家にならないよう

図8-32　雑草地をチェックする

図8-33　集落内の緩衝地帯をチェックする

図 8-34　家畜放牧地をチェックする　　　　　図 8-35　捕獲檻

に適正管理をする。

## ⟨12⟩ 家畜放牧地の診断（点検）

　緩衝地帯（バッファーゾーン）設置後の省力的な雑草維持管理のため、大型家畜のウシ、中型家畜のヒツジ、ヤギなど家畜放牧を行っている集落がある。既存設置の家畜放牧地の家畜の健康状態や牧草・雑草の状況を診断（点検）して適正管理を行う（図 8-34）。

## ⟨13⟩ 捕獲檻の診断（点検）

　従来は箱罠など捕獲檻による野生動物の捕獲は主に猟友会が行っていたが、2006 年（平成 18 年）に鳥獣による農作物被害を防ぐことを目的として農家などの狩猟免許取得の促進を図るため、従来の「網・罠猟免許」は「網漁免許」と「罠猟免許」とに分けられた。そのことを機に、農家など住民が「わな猟免許」を取得して、自ら捕獲檻を設置して箱罠捕獲を行う場合も多くなった。集落全体の捕獲檻の設置場所や捕獲状況を診断（点検）し（図 8-35）、被害マップに落とし込んだり、猟友会などへ連絡したりする。

# 9章 被害防止対策の推進体制による地域支援

　地域ぐるみによる対策を実施するには、集落と行政、狩猟者団体、試験研究機関などの関係機関で支援組織体制をつくり、関係集落の意識間向上や取り組みへの合意形成、さらに対策を実施する役割分担を明確にした体制づくりが必要である。野生動物による農作物の被害防止対策に向け、国、都道府県、市町村および地域・集落のそれぞれが、果たすべき役割と対策の地域支援体制について示す。

## 1　住民主動の対策に向けた自治体の役割と推進体制

　獣害被害が発生して間もなくの農家は従来から行ってきた病虫害防除と異なり鳥獣害対策の専門的知識がほとんどなく、自発的に地域ぐるみによる対策を行うまでには至らない場合が多い。また、被害は中長期的な視野で計画的に3大管理である被害管理、個体数管理および生息地管理を組み合わせた総合的対策を実施しないと軽減しない。したがって、住民主動の効果的な対策を実施するためには自治体など専門関係機関が対策をフォローする仕組みが必要になる。

　総合的対策における役割分担は次のとおりである。

　①「鳥獣被害防止措置法」の法律に基づき被害防止対策の基本指針を策定する（農林水産大臣）。②第二種特定鳥獣管理計画を策定する（都道府県）。③「鳥獣被害防止措置法」に基づき鳥獣被害防止計画を作成する（市町村）。④技術指導者を育成する（都道府県・市町村・JA・大学）。⑤市町村に対して技術や経費面の支援を行う（国・都道府県）。⑥地域住民に対して対策技術や情報を提供し、適時適切な対策指導を行う（都道府県・市町村・JA・大学）。⑦新たな対策技術を研究開発する（国・都道府県・企業）。⑧野生動物の生息環境の保全や復元を進める（国・都道府県）。⑨地域ぐるみによる総合的対策を実施する（地域住民）。

　都道府県内では、自然保護、農業、林業部局など都道府県内部の組織が横断的に連携することが必要になる。また、国、市町村、農業団体、試験研究機関、大学、猟友会など縦断的な連携も必要となる。全国の地域住民に対するフォロー体制のモデルとして、以下に4通りを示す。

## 2　組織体制

　鳥獣害対策は組織連携による被害集落支援体制が必要になるが、「地域農業振興を核として取り組む

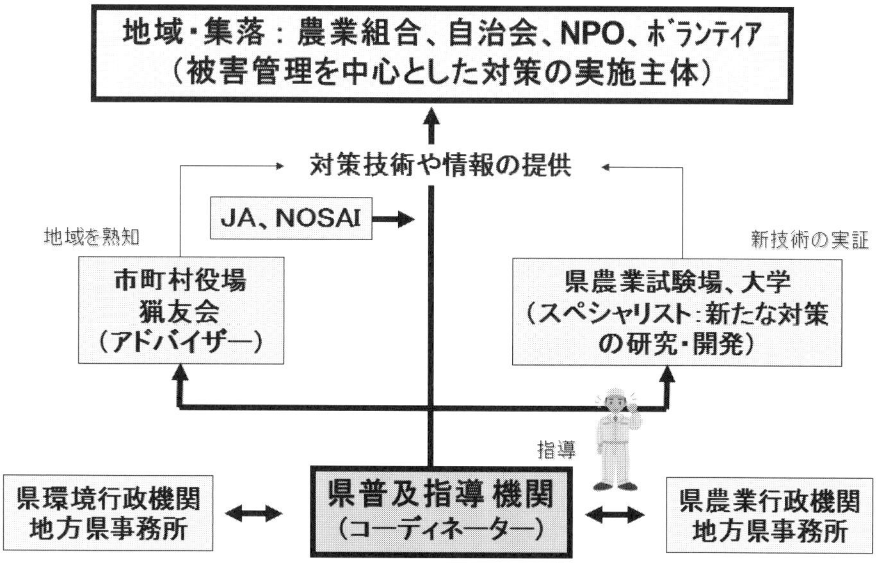

図 9-1　地域農業振興を核として取り組む組織体制

組織体制」「野生動物対策を核として取り組む組織体制」「住民の生活保護を核として取り組む組織体制」「広域地域連合組織が核となって取り組む組織体制」など目的別によって対策組織体制を構成する必要がある。

(1) 地域農業振興を核として取り組む組織体制（図 9-1）

　地域農業振興を核として取り組む組織体制とは、「県普及指導機関」がコーディネーターとなって地域住民組織と他関係機関とが連携しながら鳥獣害対策に取り組む組織体制をいう。
　「県環境行政機関地方事務所」と「県農業行政機関地方事務所」が「県普及指導機関（コーディネーター）」と連携して、地域を熟知している「市町村役場・猟友会」がアドバイザー、新たな対策技術の研究・開発を行って新技術を実証する「県農業試験場・大学」がスペシャリスト、そして「JA・NOSAI」が補助して地域・集落へ対策技術指導や情報提供を行う。

(2) 野生動物対策を核として取り組む組織体制（図 9-2）

　野生動物対策を核として取り組む組織体制とは、特定の農業でなく野生動物対策全体を講じる体制を指し、「県などの野生動物管理研究機関」がコーディネーターとなって地域住民組織と他関係機関とが連携しながら鳥獣害対策に取り組む組織体制をいう。
　新たな対策技術の研究・開発を行って新技術を実証する「県農／林業試験場・県立博物館・大学」と「県環境・農業行政機関」が「県野生動物管理研究機関（コーディネーター）」と連携して、地域を熟知している「市町村役場・猟友会」がアドバイザー、「県普及指導機関」がアシスタント、「NPO・ボランティア」が補助して、地域・集落へ対策技術指導や情報提供を行う。

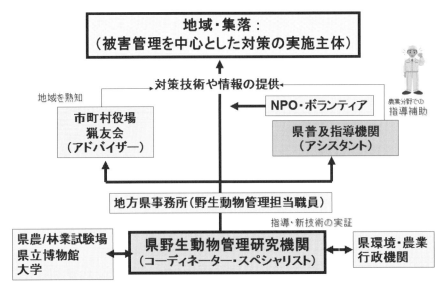

図 9-2　野生動物管理を核として取り組む組織体制

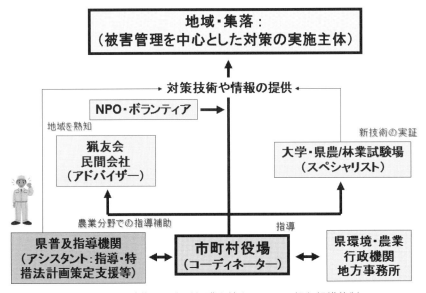

図 9-3　地域住民の生活保護を核として取り組む組織体制

**(3) 住民の生活保護を核として取り組む組織体制**（図 9-3）

　住民の生活保護を核として取り組む組織体制とは、「市町村役場」がコーディネーターとなって地域住民組織と他関係機関とが連携しながら鳥獣害対策に取り組む組織体制をいう。

　アシスタントの「県普及指導機関」と「県環境・農業行政機関地方事務所」が「市町村役場（コーディネーター）」と連携して、地域を熟知している「市町村役場・猟友会」がアドバイザー、新たな対策技術の研究・開発を行って新技術を実証する「県農／林業試験場・大学」がスペシャリスト、「NPO・ボランティア」が補助して、地域・集落へ対策技術指導や情報提供を行う（図 9-3）。

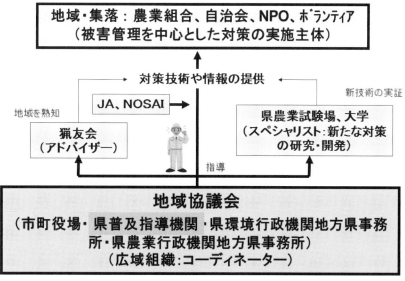

図 9-4　広域地域連合組織を核として取り組む組織体制

### (4) 広域地域連合組織が核となって取り組む組織体制（図9-4）

　広域地域連合組織を核として取り組む組織体制とは、被害対策にかかる関係機関が一丸となって設置された「地域協議会」がコーディネーターとなって地域住民組織と他関係機関とが連携しながら鳥獣害対策に取り組む組織体制をいう。

　市町役場・県普及指導機関・県環境行政機関地方県事務所・県農業行政機関地方県事務所）とで広域組織である「地域協議会（コーディネーター）」を設立して、地域を熟知している「市町村役場・猟友会」がアドバイザー、新たな対策技術の研究・開発を行って新技術を実証する「県農業試験場・大学」がスペシャリスト、「JA・NOSAI」が補助して地域・集落へ対策技術指導や情報提供を行う。

## 3　関係組織分野での鳥獣害対策業務の位置づけ

　農林水産省、環境省など管轄分野があるように、鳥獣害対策業務の位置づけや役割分担は組織によって異なる。鳥獣害対策業務の位置づけを明確にするため、普及指導機関、農政、野生動物管理、地方行政の4分野別に整理を行った。

### (1) 鳥獣害対策における普及指機関の業務の位置づけ

　協同農業普及事業は、農業改良助長法の規定に基づき、都道府県が農林水産省と協同して専門の職員として普及指導員を置き、直接農業者に接して農業経営及び農村生活の改善に関する科学的技術及び知識の普及指導を行うことなどにより、主体的に農業経営及び農村生活の改善に取り組む農業者の育成を図りつつ、農業の持続的な発展及び農村の振興を図ろうとするものである（図9-5）。

　したがって、普及指導機関は農林水産省が管轄しており、業務内容の地域農業振興指導の一部に鳥獣害対策指導がある。普及指導機関の鳥獣害対策指導の優先度は、地域の農業支援の重要度によって異な

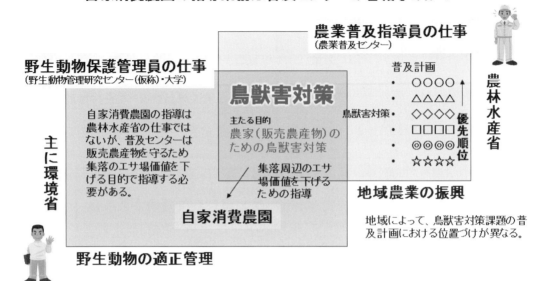

図 9-5 鳥獣害被害における普及指導員の仕事の位置づけ
を考える一例：自家消費農園（家庭菜園）の指導業務

り、上位から下位または一般普及業務あるいは業務外に位置づけされる。一方、環境省が管轄する野生動物管理は野生動物保護管理の一部に鳥獣害対策が位置づけされている。

では、自家消費農園（家庭菜園）の対策指導はどこに位置づけされるのであろうか？ 販売用の農作物生産でないため、環境省の野生動物管理に位置づけされる。普及指導機関では自家消費農園の対策指導は本来の設置目的では業務外の扱いになるのだが、鳥獣から販売用の農作物を守るためには、集落内のエサ場価値を下げて野生動物にとって魅力のない集落にする必要がある。したがって、普及指導員は、家庭菜園対策が直接的指導業務と考えがちになるが、そうではなく間接的な普及指導機関の業務であることを周知して業務遂行を行う必要がある。普及指導機関の鳥獣害対策指導の目的はあくまで「地域農業（一次産業）の活性化」である（図 9-5）。

(2) 農政分野での鳥獣害対策の整理

農政分野では、従来の植物保護は農作物の被害対策として「病害」「虫害」「雑草害」の 3 分野、すなわち病害虫・雑草対策であった。新しく鳥獣害が甚大になってきた近年は、植物保護に「鳥獣害」が加わった。これら農作物の 4 大害を排除する業務指導が植物保護である（図 9-6）。

植物保護では病・虫・雑草・鳥獣害対策の適正な指導を行う（普及指導員資格試験の専門分野の位置づけ）。

(3) 野生動物管理分野での鳥獣害の整理

野生動物管理分野では野生動物が対象となる。その中には、「鳥獣保護」「鳥獣害」「生息環境」の 3 分野があり、排除するのは「鳥獣害」だけとなる（図 9-7）。

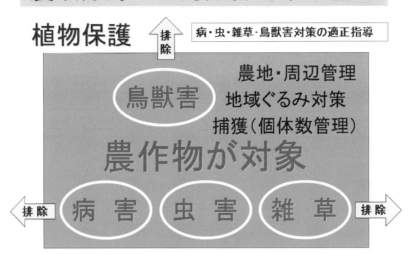

図 9-6　農政分野での鳥獣害対策の整理

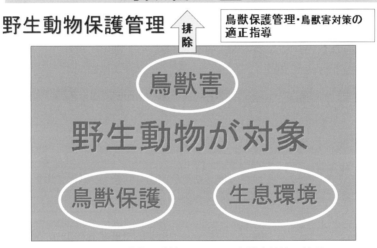

図 9-7　野生動物保護管理分野での鳥獣害対策の整理

野生動物保護管理では鳥獣保護管理と鳥獣害対策の適正な指導を行う。

### (4) 地方行政（県）での野生動物管理の整理

地方行政（県）での野生動物管理（鳥獣害対策）は県庁全体の部署が対象となる。「森林」「農業」「土地改良」「水産」「自然環境保全」などの多分野にわたり、その他関係機関とも連携した横断的な鳥獣害対策と野生動物保護管理をいう（図 9-8）。県全体では県民を守る鳥獣害対策の意味合いが強い。

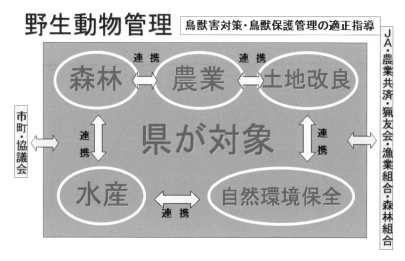

図 9-8　地方行政（県）での野生動物管理の整理

　県の野生動物管理では鳥獣害対策と鳥獣保護管理の適正な指導を行う。
　以上、鳥獣害問題発生の原因は奥深く、駆除だけの単一な対策では解決しない。地域単位の継続的な鳥獣被害低減を得るためには、根本的な原因を排除し、地域住民主動の対策を軸として、国、都道府県、市町村、団体など関係機関の支援のもとに総合的協同対策を実施しなくてはならない。そのためには、上述したようなそれぞれの問題解決出口の目的にあった関係組織の体制で役割分担を明確にした支援を行う必要がある。
　被害住民が安心して暮らせて昔のような笑顔が戻るように、縦割り行政ではなく、関係機関が一致協力して対策支援にあたっていただきたい。また、ぼくたち人が経済活動のために引き起こした過ちによって加害者にされた野生動物たちに対しても、野生動物と人とが共存するため、言い換えると棲み分けを行うため、「森・里の管理と地域づくり」により里と森のエリアを対峙的環境に置き、現在の森で生息できる害鳥獣の数が個体数管理により適正に管理され、さらに人に管理されなくなったスギ、ヒノキの単一な人工林が多くなった不健康な森が改善されることにより、野生動物たちが再生された豊かな森で自ら安全・幸せに暮らすことができるように森と里の改善を行うことが求められる。
　今こそ野生動物が里へ降りてくる必要がなくなるように、官・民・関係団体が一体となって里のエサ場価値を下げ、森のエサ場価値を上げる根本的な改善策を早急に講じなければならない。そのため、関係機関連携による地域住民主動の「集落・農地管理」、行政主動・関係団体主動の「生息環境管理」、そして行政手動の特定計画による「個体数調査」を併せた総合的対策の実施推進が求められる。

# おわりに

　多種多様な植物とそれを利用する多種の野生動物を育んできた健全な森では、生物多様性の支え合う関係がうまく機能していた。戦後、日本の経済成長が始まり、拡大造林事業によるスギ、ヒノキの単一な人工林の植林、さらに林業の不況などから多くの人工林が管理されなくなり、森の様子は大きく変化し、長年かけて多様性によって育まれた森の機能は著しく低下した。その結果、野生動物が本来の生息地であった「森」から「里」へ進出するようになった。一方、里では、経済成長の影響でぼくたちの生活様式が一変して、その影響を受けて農地周辺、雑木林など野外での人の賑わいが薄れ、里へ進出してきた野生動物を許容する集落全体の状況に変化した。さらに、日本を含む先進国の温室効果ガス排出によって、地球環境が変化して温暖化へとつながった。一部の野生動物は地球温暖化により冬期の気温上昇による積雪量・積雪期間の減少により今まで生息できなかった地域へも北上し、また厳しい寒さや冬期の食料不足によって餓死して自然淘汰されてきた個体も少なくなかった。さらに近年の温暖化とエネルギー効率が高い農作物の利用により、森に生息できる個体数以上に増加してしまった。このように、鳥獣害問題は、日本の高度経済成長から起因した森の変化から生じており、里の変化と気象の変化と相まって相乗的に過大化・複雑化されて問題解決を困難にした。

　従来から森と里とは密接につながりあい、その深い関係のなかで人々の暮らしが成り立っていた。森は、自然資源を最大限かつ持続的に利用するという知恵によって育まれた場所である。人によって管理されてきた健全な森から湧き滲み出る清水が集まって源流となり、源流から里を通って流れる川が動脈となり、そして健全な海や湖を育み維持してきた。このように「森、里、海（湖）」は川によってつながり、それぞれの自然からの恩恵を受けて先人からのくらしを支えてきたのだ。しかし現在、健全であった森・里がぼくたちのエゴイズムにより危機に陥り、野生動物の個体数や行動が変化してきた。そのため、ぼくたちは森や里のあり方をもう一度見直し、野生動物問題を根本的に解決するために人々のくらしにつながる森の利活用について考え直す必要がでてきた。

　鳥獣害問題は森・里の保全の重要性を顧みなかった日本の経済成長戦略から起因する。人が犯した自然破壊の大きな過ちを修復するには、ぼくたち人自らが修復させなければならない。そのためには、自分の立ち位置を明確にし、行政、関係機関、住民が役割分担をして、計画性を持って中長期的に総合的な対策を実施していくことが重要である。また、教育改革や意識啓発によって住民全体に野生動物への適切な対応についても理解促進する必要がある

　鳥獣害については自分は被害者だと勘違いしている人々が多いが、何気なく裕福で便利な生活に浸っているぼくたちすべて一人ひとりが、鳥獣害問題の加害者であることを自覚する時が来ているのではなかろうか？

　ヒト（ホモ・サピエンス）は特別な動物種ではない。地球上に38億年前に生命が誕生して以来、種分化と淘汰を繰り返してきた過去の生物種の歴史から見ると、ぼくたちヒト（ホモ・サピエンス）種は永遠には存在しえない（100％滅亡する）動物種の一種であることを認識しなければならない。管理されないスギ、ヒノキの単一な人工林の森を多種多様な針広混交林へ長期にわたって計画的に改善すれば、森は多種多様な生き物が棲める健全な森へ、里山を現代風に積極的に利活用する仕組みをつくれば、人

の賑わいがある健全な里に蘇り、人々が森・里で作業することによって野生動物への人圧が自ずと増加復活し、その結果、野生動物と人との歪んだ関係は徐々に修復できるであろう。

　最後に、鳥獣害問題を解決するためには、森・里の保全活動を行い、かつ住民自らが地域ぐるみ対策を継続的に行える地域づくりを構築することが必要である。また、荒れ果てた人工林を管理が行き届いた健全な人工林に復活させるため、衰退した第一次産業の林業を活性化する仕組みづくりの構築は欠かせない。さほど裕福でなかった昔の里山構造には人と野生動物とがうまく共存できるヒントが隠されている。

# あとがき

　著者は、元滋賀県職員であり、滋賀県農業試験場で2000年（平成12年）から当県で初めて鳥獣害対策の試験研究から開始した。その当時、鳥獣害問題は世間が少し関心を持ちかけた時期で、鳥獣害対策研究・指導は他府県でも奈良県（井上雅央氏）など数県しか実施されていなかった。また、当時京都大学に在籍していたニホンザルの研究仲間であった室山康之氏（2000）の、自然保護と人間の暮らしを両立させるための基本的な考え方と実践的な方策を探る著書「里のサルたち」により、人と野生動物の適正関係の基本的な考え方を学んだ。その影響を受けて著書「滋賀の獣たち」のなかで「滋賀県における人とサルとの共存を考える」を執筆した（寺本, 2003）。その後も普及指導活動を中心とした著書などを多数執筆してきた（寺本, 2005abc, 2006abc, 2007, 2012, 2016）。

　さらに著者は2003年（平成15年）から当県で初めてとなる鳥獣害対策の普及指導を開始し、現場指導もまさしくゼロからの出発であった。当時は全国でも鳥獣害対策指導業務は農業の普及指導機関（以下普及センター）の仕事としての位置づけはなかったため、いろいろな面で業務を遂行するうえで弊害が生じた。滋賀県では一般普及業務で行った2003年度の鳥獣害の対策成果が認められ、2004年から普及センターの普及計画に位置づけされ、鳥獣害対策指導が正式に普及センターと業務として認められた。しかし、当時は鳥獣害対策を指導できる普及指導員は全国でも稀であったため、2004年（平成16年）から農林水産省、環境省、団体などの検討委員会の多くの委員を歴任して、現場指導経験を活かして、「鳥獣害対策の考え方をハード対策中心から住民主導対策に導くソフト対策にシフトさせる必要がある」と助言を繰り返した結果、農林水産省で現場指導中心にまとめられた最初の「鳥獣被害防止マニュアル（基礎編）」が作成され（農林水産省生産局, 2006）、次いで「鳥獣被害防止マニュアル（実践編）」や滋賀県の対策事例などがまとめられた「地域における鳥獣被害対策－取組事例集－」などが作成された（農林水産省生産局, 2007ab）。2006年（平成18年）には、国会、衆議院環境委員会に参考人招致され、鳥獣害問題の解決のためには普及センターの普及指導員の対策指導が不可欠であると意見陳述し、国会で普及指導員活用について合意され、普及指導員の2007年（平成19年）からの国家資格分野の「植物保護」の中に、「病害」、「虫害」、「雑草害」に加えて「鳥獣害等の低減」が追加された。これにより、全国の普及センターの業務の中に「鳥獣害対策指導」が明記され、鳥獣害対策業務の位置づけが明確になった（衆議院環境委員会, 2016）。

著者は教本がないなか、長年かけて経験と知識を積み重ね、ようやく鳥獣害対策の現場指導が実施できるようになった経験から、県を退職して、滋賀県立大学環境科学部応用動物管理学研究室に在籍してから、今までの鳥獣害対策の研究・普及指導経験を「鳥獣害問題解決マニュアル」として本書の出版を行おうと考え、今日に至った。

　最後に、著者の生物学的な考え方は昆虫学の恩師である滋賀県立大学初代学長（名誉学長）・京都大学名誉教授で世界的な動物行動学者である故日髙敏隆先生の影響を受けている。そのため、本書では単なる実施マニュアルではなく「森・里の保全と地域づくり」を基軸とた根本的な原因排除を含めた内容としている。

　本書発刊により、被害住民、一般住民、そして動物（ペット）愛護者など広い分野の読者に対して、棲み分けのための森・里保全活動の重要性、野生鳥獣への餌付け行為の弊害が理解され、さらに本書を国・都道府県指導者や地域リーダーの育成マニュアルとしても利用していただくことによって、我が国の鳥獣害問題が律速的に解決される一助になれば幸いである。

2018年1月5日

## 参考文献

1) 江口祐輔（2003）イノシシから田畑を守る おもしろ生態とかしこい防ぎ方．152pp. 農文協，東京．
2) 井上雅央（2002）山の畑をサルから守る おもしろ生態とかしこい防ぎ方，117pp. 農文協，東京．
3) 環境省　野生鳥獣の保護及び管理　特定計画の概要　https://www.env.go.jp/nature/choju/plan/plan3-1a.html
4) 環境省　全国のニホンジカ及びイノシシの個体数推定等の結果について（平成27年度）（お知らせ）
5) 環境省自然環境局・生物多様性センター（2004）種の多様性調査　哺乳類分布調査報告書．第6回自然環境保全基礎調査，215 pp.　http://www.env.go.jp/press/102196.html
6) 北日本新聞（2015）標高2,760メートルにイノシシ　剱御前小舎付近で雪上走る姿撮影（7月1日掲載）．
7) Logan, William Bryant（2008）ドングリと文明―偉大な木が創った1万5000年の人類史．376pp. 日経BP社，東京．
8) 室山康之（2000）里のサルたち：新しい生活をはじめたニホンザル．杉山幸丸編著，霊長類生態学－環境と行動のダイナミズム－，225-247．京都大学学術出版会，京都．
9) NHK さわやか自然八景（2012）ニホンザル．北アルプス・鹿島槍ヶ岳（10月28日放映）．
https://www.nhk.or.jp/sawayaka/yari.html
10) 農林水産省生産局（2006）野生鳥獣被害防止マニュアル－生態と被害防止対策（基礎編）－．
11) 農林水産省生産局（2007a）野生鳥獣被害防止マニュアル－イノシシ、シカ、サル（実践編）－．
12) 農林水産省生産局（2007b）地域における鳥獣被害対策－取組事例集－．188pp.
13) 滋賀県（2017）滋賀県ニホンジカ第二種特定鳥獣管理計画（第3次），68pp.
14) 滋賀県（2012）滋賀県ニホンザル特定鳥獣保護管理計画（第3次），36pp.
15) 滋賀県農業総合センター農業試験場湖北分場（2003）ニホンザルの嗜好性を考慮した猿害に強い農作物の選定．近畿中国四国農業研究センター平成15年度近畿中国四国農業研究成果情報．
16) 衆議院環境委員会（2016）第164回国会　衆議院環境委員会議事録，第17号．
http://www.shugiin.go.jp/internet/itdb_kaigiroku.nsf/html/kaigiroku/001716420060606017.htm
17) 寺本憲之（2003）滋賀県における人とサルとの共存を考える．滋賀の獣たち－人との共存を考える－，103-131，サンライズ出版，滋賀．
18) 寺本憲之（2005a）これならできるサル・イノシシ対策．特集獣害の現状と対策，技術と普及，42（6），34-41+P l.1-6.

19) 寺本憲之（2005b）獣害対策の普及機関での取り組み．共生をめざした鳥獣害対策，106-110（社）農林水産技術情報協会，東京．
20) 寺本憲之（2005c）里やまでの人と獣との共存　－地域ぐるみの対策－．生態学からみた里やまの自然と保護，188-189．講談社．東京．
21) 寺本憲之（2006a）：滋賀県における獣害防止の取り組み．日本環境年鑑 2004，81-95．創土社．東京．
22) 寺本憲之（2006b）獣害を防ぐための里山管理（野間直彦氏）に対するコメント．里山から見える世界，33-36，龍谷大学里山学・地域共生学オープン・リサーチ・センター，京都．
23) 寺本憲之（2006c）県普及員による野生獣被害防止対策の推進について．鳥獣対策ガイドブック，19-32，中国四国農政局，岡山県．
24) 寺本憲之（2007）鳥獣害対策は普及が要（かなめ）！～地域ぐるみによる総合的対策への誘導手法，これならできる鳥獣害対策．技術と普及，44（9），12-19．
25) 寺本憲之（2009）人による自然破壊から見た種ヒト（ホモ・サピエンス）－延命のために豊かな自然を継ぐ－（Seneca 21st ウェブサイト）．http://seneca21st.eco.coocan.jp/working/teramoto/00.html
26) 寺本憲之（2010）住民の合意形成によって被害防止柵をつくる－現代版のシシ垣づくりにむけて．日本のシシ垣，320-344．古今書院．東京．
27) 寺本憲之（2012）地域社会と野生動物被害の防除．野生動物管理　－理論と技術－，135-141．文永堂出版，東京．
28) 寺本憲之（2016）地域社会と野生動物被害の防除．増補版 野生動物管理　－理論と技術－，143-151．文永堂出版，東京．
29) 寺本憲之・山中成元（2005）ニホンザルとニホンイノシシに対する簡易防護柵，おうみ猿落・猪ドメ君「サーカステント」（新称）の開発．滋賀県農業総合センター農業試験所研究報告，45：58-65．

**参考文献以外の寺本憲之が執筆した著書**

1) ドングリの木はなぜイモムシ，ケムシだらけなのか？218pp.+4 pls. サンライズ出版．2008 年 11 月．ISBN:978-4-88325-374-6（単著）．
2) 日本の鱗翅類．東海大学出版会．2011 年 2 月．ISBN:978-4-486-01856-8（共著）．
3) 小蛾類の生物学．文教出版．1998 年 2 月．ISBN:978-4938489120（共著）．
4) 日本動物大百科 9 巻昆虫 II（日高敏隆監修）．平凡社．1997 年 8 月．ISBN:4-582-54559-9（共著）．
5) ファーブルにまなぶ．日仏共同企画「ファーブルにまなぶ」展実行委員会．2008 年 6 月（共著）．
6) 田舎のちから．昭和堂．2007 年．ISBN:9784812207185（共著）．
7) 滋賀県の野洲川流域の生き物（けもの，ビワマス，カイコ，イヌワシ・クマタカ）．びわ湖の森の生き物研究会編．共同製版印刷株式会社．2012 年 4 月（共著）．
8) 農業技術大系・作物編 8 水田の多面的利用　2010 年版（追録第 32 号）技 1065-1076．斑点米を軽減させる畦畔 2 回連続草刈り技術．農山漁村文化協会．2010 年（共著）．
9) 最新農業技術 作物 vol.3　－特集 新規需要米 飼料イネ，米粉－，263-274．農山漁村文化協会．2011 年 2 月．ISBN:978-4540101540（共著）．
10) イノベーションと農業経営の発展．農林統計協会．2011 年 6 月．ISBN:978-4-541-03766-4（共著）．
11) 農家が教える イネつくりコツのコツ．農山村漁村文化協会．2011 年 3 月．ISBN:978-4-540-10310-0（共著）．
12) 滋賀県で大切にすべき野生生物　滋賀県レッドデータブック 2015 年版．サンライズ出版．2016 年 3 月．ISBN:978-4-88325-590-0（共著）．
13) 滋賀県で大切にすべき野生生物．滋賀県レッドデータブック 2010 年版．サンライズ出版．2011 年 6 月．ISBN:978-4-88325-445-3（共著）．
14) 滋賀県で大切にすべき野生生物．滋賀県レッドデータブック 2005 年版．サンライズ出版．2006 年 6 月．ISBN:978-4-88325-296-1（共著）．

著 者

寺本 憲之　　てらもと のりゆき

農学博士。農林水産省 農作物野生鳥獣被害対策アドバイザー／環境省 鳥獣保護管理プランナー。
大阪府立大学農学部を卒業後、滋賀県に入庁。滋賀県蚕業指導所、滋賀県農業試験場、東近江農業改良普及センターの後、滋賀県農業技術振興センター 栽培研究部部長、滋賀県農業技術振興センター 農業革新支援部部長を経て、現在、滋賀県立大学 環境科学部 応用動物管理学研究室客員研究員／滋賀県立琵琶湖博物館 研究部特別研究員。
専門：昆虫学、野生動物管理学。
所属学会：びわ湖の森の生き物研究会（幹事長）・日本野蚕学会（委員）・日本鱗翅学会（近畿支部幹事）・日本昆虫学会・日本応用動物昆虫学会・日本蚕糸学会・日本蛾類学会・誘蛾会。

【野生動物管理にかかわる行政機関など検討委員会の委員歴】
・国会 第164回衆議院環境委員会参考人（鳥獣の保護及び狩猟の適正化に関する法律の一部を改正する法律案に対する意見：滋賀県の野生鳥獣による農作物被害と獣害対策の現状：普及指導機関の重要性）参考人（2006年）
・農林水産省 普及指導員研修講師（鳥獣被害防止対策支援研修）（2004年〜現在）
・農林水産省 鳥獣による農林水産業被害対策検討委員会委員（2004〜2005年）
・農林水産省 鳥獣被害防止マニュアル作成ワーキンググループ 専門委員（2005年）
・農林水産省 野生鳥獣被害防止マニュアル作成委員（2006年）
・農林水産省 鳥獣害対策専門家育成委員会 委員（2006年）
・農林水産省 農林水産業・食品産業科学技術研究推進事業（実用技術開発事業）審査専門評価委員（2008〜2012年）
・農林水産省 農林水産業・食品産業科学技術研究推進事業（シーズ創出ステージ・発達総合ステージ・実用技術開発ステージ）審査専門評価委員（野生動物管理学・昆虫学）（2013〜2017年）
・農林水産省 農林水産獣害防止技術指導者育成事業検討委員会 委員（2008〜2012年）
・農林水産省 農作物野生鳥獣被害対策アドバイザー（登録番号第256号）（2016〜現在）
・農林水産省 平成29年度鳥獣被害対策優良活動表彰審査委員会 委員（2017年度）
・環境省 鳥獣保護管理プランナー（登録番号 P10009）（2010年〜現在）
・環境省 環境省中央環境審議会野生生物部会鳥獣保護管理小委員会 参考人（2005年）
・環境省 鳥獣保護管理人材登録制度の構築にかかる検討委員会 委員（2007〜2009年）
・全国農業改良普及支援協会 鳥獣害対策における普及活動の効果的推進方法に関する検討委員会 委員（2007年）
・滋賀県 第二種特定鳥獣管理計画（ニホンザル）検討委員会 委員（2003年〜現在）

| 書　名 | 鳥獣害問題解決マニュアル ──森・里の保全と地域づくり── |
|---|---|
| コード | ISBN978-4-7722-5307-9 |
| 発行日 | 2018（平成30）年2月7日　初版第1刷発行 |
| 著　者 | 寺本 憲之<br>Copyright ⓒ 2018　Noriyuki　TERAMOTO |
| 発行者 | 株式会社 古今書院　　橋本寿資 |
| 印刷所 | 三美印刷 株式会社 |
| 製本所 | 三美印刷 株式会社 |
| 発行所 | **古今書院**　　〒101-0062 東京都千代田区神田駿河台2-10 |
| TEL/FAX | 03-3291-2757 ／ 03-3233-0303 |
| 振　替 | 00100-8-35340 |
| ホームページ | http://www.kokon.co.jp/　　　検印省略・Printed in Japan |

# KOKON-SHOIN

## http://www.kokon.co.jp/

### 鳥獣害問題に役立つ本（既刊）

#### ◆ 日本のシシ垣　—イノシシ・シカの被害から田畑を守ってきた文化遺産

高橋春成 編　　　定価本体 5500 円＋税

野生動物から田畑を守るために集落の縁辺に築かれたシシ垣。減反と過疎化の過程で藪に没してしまった全国各地のシシ垣遺構の実態を明らかにした初めての本。先人の知恵と努力を知ることで、今日の地域ぐるみの鳥獣害対策に力を与えてくれる全16章。終章の第 16 章では、寺本憲之が住民合意による現代のシシ垣づくりを提言している。

#### ◆ イノシシと人間　—共に生きる

高橋春成 編　　　定価本体 4800 円＋税

イノシシについての初めての専門書。獣害対策の基本書として好評 4 刷。動物学・畜産学・考古学・生物地理学・歴史学・狩猟文化・地域づくり・食肉利用など、幅広い内容。

#### ◆ 人と生き物の地理　改訂版

高橋春成 著　　　定価本体 2800 円＋税

絶滅危惧種、外来種、鳥獣害被害など、人と生き物をめぐる日本の社会問題について、どのように考えたらよいのか？　日本人そして自分自身の生き物観を問い直す本。

### 森・里山の成り立ちを考える本（既刊）

#### ◆ 森と草原の歴史　—日本の植生景観はどのように移り変わってきたか

小椋純一 著　　　定価本体 5200 円＋税

古写真・絵図などの史料と植物学の精緻なデータから過去の植生を復元し、鎮守の森は原生植生ではなく人の関与の結果であることを指摘して読売新聞で話題に。好評重版。

#### ◆ 日本の田園風景　　　　　　　　　　　　　　　　　　日本学術振興会出版助成図書

山森芳郎 著　　　定価本体 5800 円＋税

柳田国男が問題提起し、矢島仁吉や市川健夫らが調査した、日本の伝統的な田園風景。これらの風景が成立した年代と要因に鋭く迫る本。著者は英国の田園風景史が専門。